普通高等教育"十三五"规划教材

水处理工程实验

王学刚　郭亚丹　李泽兵　李文娟　主编

北　京

冶金工业出版社

2016

内 容 提 要

　　本实验教材是作者在多年从事水处理技术研究和教学实践总结的基础上，并参考国内外有关资料编写而成的。主要内容包括：绪论，实验设计，误差与实验数据处理，基础性实验，综合应用性实验，附录。通过对本实验教材的学习及专业的综合性实验操作，可使学生加深对水处理工程实验基本理论的理解，掌握水处理工程实验方案设计与实验研究基本方法，以及提高学生分析与处理实验数据的基本技能。

　　本实验教材主要面向高等院校教学，可作为环境工程、环境科学、给排水科学与工程、水文与水资源工程等专业的教学用书，也可供有关工程技术人员参考。

图书在版编目(CIP)数据

　　水处理工程实验／王学刚等主编 . —北京：冶金工业出版社，2016.10
　　普通高等教育"十三五"规划教材
　　ISBN 978-7-5024-7365-5

　　Ⅰ.①水…　Ⅱ.①王…　Ⅲ.①水处理—高等学校—教材　Ⅳ.①TU991.2

　　中国版本图书馆 CIP 数据核字（2016）第 259152 号

出　版　人　谭学余
地　　　址　北京市东城区嵩祝院北巷 39 号　邮编　100009　电话　(010)64027926
网　　　址　www.cnmip.com.cn　电子信箱　yjcbs@cnmip.com.cn
责任编辑　卢　敏　美术编辑　吕欣童　版式设计　彭子赫
责任校对　禹　蕊　责任印制　李玉山
ISBN 978-7-5024-7365-5
冶金工业出版社出版发行；各地新华书店经销；三河市双峰印刷装订有限公司印刷
2016 年 10 月第 1 版，2016 年 10 月第 1 次印刷
787mm×1092mm　1/16；10 印张；241 千字；153 页
28.00 元
冶金工业出版社　投稿电话　(010)64027932　投稿信箱　tougao@cnmip.com.cn
冶金工业出版社营销中心　电话　(010)64044283　传真　(010)64027893
冶金书店　地址　北京市东四西大街 46 号(100010)　电话　(010)65289081(兼传真)
冶金工业出版社天猫旗舰店　yjgycbs.tmall.com
（本书如有印装质量问题，本社营销中心负责退换）

前　言

"水处理工程实验"是环境工程、环境科学和给排水科学与工程专业重要的实践性必修课，是水处理工程、给水工程、排水工程、特种废水处理等教学的重要组成部分。通过本课程的学习，使学生巩固和加深对水处理技术基本理论知识的理解，初步掌握有关水处理技术的基本实践方法、手段和操作技能，培养学生独立思考、分析问题和解决问题的能力，同时能有效提高学生动手实践能力和创新思维能力。

本实验教材内容是在参考国内外有关资料并结合多年科研和教学实践的基础上确定的。全书内容包括：绪论，实验设计，误差与实验数据处理，基础性实验，综合应用性实验，附录。本书主要面向高等院校教学，同时也可供生产和科学研究单位选用。

本实验教材的前言、绪论、第2章、实验3.1、3.2、3.5、3.6、3.7、3.8、3.9、3.10、3.11、4.3和附录由王学刚编写；第1章、实验4.2、4.4、4.6由郭亚丹编写；实验3.3、3.12、3.13、3.14、3.15由李泽兵编写；实验3.4、4.1由李文娟编写；实验4.5由李鹏编写。全书由王学刚负责统稿。在本书编写过程中，得到了东华理工大学环境工程专业老师的大力支持和帮助，同时参阅了大量专家学者的相关文献资料，在此一并表示感谢！

本教材得到了江西省"水处理工程精品课程"、"水处理工程精品资源共享课程"、"环境工程特色专业"和"环境工程专业综合改革试点"等质量工程建设项目的资助。

由于编者水平有限，书中难免有错误和不妥之处，敬请读者批评指正。

编　者
2016年8月

目　　录

0 绪　论

0.1　实验教学目的

实验教学是使学生理论联系实际，培养学生观察问题、分析问题和解决问题能力的一个重要方面。本课程的教学目的如下：

（1）加深学生对基本概念的理解，巩固新的知识；

（2）使学生了解如何进行实验方案的设计，并初步掌握污水处理实验研究方法和基本测试技术；

（3）通过实验数据的整理，使学生初步掌握数据分析处理技术，包括如何收集实验数据；如何正确地分析和归纳实验数据；运用实验成果验证已有的概念和理论等。

0.2　实验教学程序

为了更好地实现教学目的，使学生学好本门课程，下面简单介绍实验研究工作的一般程序。

0.2.1　提出问题

根据已经掌握的知识，提出打算验证的基本概念或探索研究的问题。

0.2.2　实验设计

确定实验目标后要根据人力、设备、药品和技术能力等方面的具体情况进行实验方案的设计。实验方案应包括实验目的、仪器装置、步骤、计划、测试项目和方法等内容。

0.2.3　实验研究

（1）根据设计好的实验方案进行实验，按时进行测试；

（2）收集实验数据；

（3）整理分析实验数据。实验数据的可靠性和定期整理分析是实验工作的重要环节，实验者必须经常用已掌握的基本概念分析实验数据，通过数据分析加深对基本概念的理解，并发现实验设备、操作运行、测试方法方面的问题，以便及时解决，使实验工作能较顺利地进行；

（4）实验小结。通过实验数据的系统分析，对实验结果进行评价。小结的内容包括以下几个方面：

1）通过实验掌握了哪些新的知识；

2）是否解决了提出研究的问题；

3）是否证明了文献中的某些论点；

4）当实验数据不合理时，应分析原因，提出新的实验方案。

由于受课程学时等条件限制，学生只能在已有的实验装置和规定的实验条件范围内进行实验，并通过本课程的学习得到初步的培养和训练，为今后从事实验研究和进行科学实验打好基础。

0.3　实验教学要求

0.3.1　课前预习

充分预习实验教材是保证做好实验的一个重要环节。为完成好每个实验，学生在课前必须认真阅读实验教材，应按每个实验中的要求进行，应当搞清楚实验的目的、内容、有关原理、操作方法及注意事项等，并初步估计每一反应的预期结果，根据不同的实验及指导教师的要求做好预习报告（若有需要，某些实验内容可到实验室并在教师的指导下进行预习）。对于每个实验中的"实验前准备的思考题"，预习时应认真思考。

预习提纲包括：

（1）实验目的和主要内容；

（2）需测试项目的测试方法；

（3）实验中应注意事项；

（4）准备好实验记录表格。

0.3.2　实验设计

实验设计是实验研究的重要环节，是获得满足要求的实验结果的基本保障。在实验教学中，宜将此环节的训练放在部分实验项目完成后进行，以达到使学生掌握实验设计方法的目的。

0.3.3　实验操作

学生实验前应仔细检查实验设备、仪器、试剂等是否完整齐全。实验时要严格按照操作规程认真操作，仔细观察实验现象，精心测定实验数据，并详细填写实验记录。实验结束后，要将实验设备和仪器设备恢复原状，将周围环境整理干净。学生应注意培养自己严谨的科学态度，养成良好的工作、学习习惯。

0.3.4　实验数据处理

通过实验取得大量数据以后，必须对数据作科学的整理分析，去伪存真，去粗取精，以得到正确可靠的结论。

0.3.5　编写实验报告

将实验结果整理编写成一份实验报告，是实验教学必不可少的组成部分。这一环节的训练可为今后写好科研论文或科研报告打下基础。

实验报告包括下述内容：

（1）实验目的；

（2）实验原理；

（3）实验仪器、设备和试剂；

（4）实验步骤；

（5）实验数据整理和分析；

（6）实验结果讨论。

对于科研论文，最后还要列出参考文献。实验教学的实验报告，参考文献一项可省略。实验报告的重点放在实验数据处理和实验结果的讨论。

0.4　实验室规则

实验室规则有以下内容：

（1）实验前要清点仪器，如果发现有破损或缺少，应立即报告教师，按规定手续到实验预备室补领。实验时仪器若有损坏，亦应按规定手续到实验预备室换取新仪器。未经教师同意，不得拿用别的位置上的仪器。

（2）实验时应保持安静，思想集中，认真操作，仔细观察现象，如实记录结果，积极思考问题。

（3）实验时应保持实验室和桌面清洁整齐。废纸屑、废液等应投入废液钵中，严禁投入或倒入水槽内，以防水槽和下水管道堵塞或腐蚀。

（4）实验时要小心使用仪器和实验设备，注意节约水、电、药品。使用精密仪器时应严格按照操作规范进行，要谨慎细致。如果发现仪器有故障，应立即停止使用，及时报告指导教师。

（5）药品应按需用量取用，从药品瓶中取出的药品，不应倒回原瓶中，以免带入杂质；取用药品后，应立即盖上瓶塞，以免搞错瓶塞，并随即将药品瓶放回原处。

（6）实验完毕后应将玻璃仪器洗涤洁净，放回原处。清洁并整理好桌面，打扫干净水槽和地面，最后洗净双手。

（7）实验结束后或离开实验室前，必须检查电插头或闸刀是否拉开，水龙头是否关闭等。实验室内的一切物品（仪器、药品和实验产物等）不得带离实验室。

0.5　实验室安全守则

化学药品中有很多是易燃、易爆炸、有腐蚀性或有毒的，所以在实验前应充分了解安全注意事项。在实验时，应在思想上十分重视安全问题，集中注意力，遵守操作规程，以避免事故的发生。

（1）加热试管时，不要将试管口指向自己或别人，不要俯视正在加热的液体，以免液体溅出，受到伤害。

（2）嗅闻气体时，应用手轻拂气体，扇向自己后再嗅。

(3) 使用酒精灯时，应随用随点燃，不用时盖上灯罩。不要用已点燃的酒精灯去点燃别的酒精灯，以免酒精溢出而失火。

(4) 浓酸、浓碱具有强烈腐蚀性，切勿溅在衣服、皮肤上，尤其勿溅到眼睛上。稀释浓硫酸时，应将浓硫酸慢慢倒入水中，而不能将水向浓硫酸中倒，以免迸溅。

(5) 乙醚、乙醇、丙酮、苯等有机易燃物质，存放和使用时必须远离明火，取用完毕后应立即盖紧瓶塞和瓶盖。

(6) 能产生有刺激性或有毒气体的实验，应在通风橱内（或通风处）进行。

(7) 有毒药品（如重铬酸钾、钡盐、铅盐、砷的化合物、汞的化合物等，特别是氰化物）不得进入口内或接触伤口。也不能将有毒药品随便倒入下水管道。

(8) 实验室内严禁饮食和吸烟。实验完毕，应洗净双手后，才可离开实验室。

0.6 实验室意外事故的处理

实验室意外事故的处理内容如下：

(1) 若因酒精、苯或乙醚等着火，应立即用湿布或砂土等扑灭。若遇电气设备着火，必须先切断电源，再用泡沫式灭火器或四氯化碳类灭火器灭火（实验室应备有灭火设备）。

(2) 遇有烫伤事故，可用高锰酸钾溶液或苦味酸溶液洗灼伤处，再涂上凡士林或烫伤油膏。

(3) 若在眼睛或皮肤上溅着强酸或强碱，应立即用大量水冲洗，然后相应地用碳酸氢钠溶液或硼酸溶液冲洗（若溅在皮肤上，还可涂上凡士林）。

(4) 若吸入氯、氯化氢等气体，可立即吸入少量乙醇和乙醚混合蒸汽，以便解毒；若吸入硫化氢气体，会感到不适或头晕，应立即到室外呼吸新鲜空气。

(5) 被玻璃割伤时，伤口内若有玻璃碎片，须先挑出，再行消毒、包扎。

(6) 遇有触电事故，首先应切断电源，然后在必要时，进行人工呼吸。

(7) 对伤势较重者，应立即送医院救治，任何延误都可能使治疗复杂和困难。

1 实 验 设 计

实验是解决水处理问题必不可少的一个重要手段，通过实验可以得出三方面结论：

（1）找出影响实验结果的因素及各因素的主次关系，为水处理方法揭示内在规律，建立理论基础；

（2）寻找各因素的最佳量，以使水处理方法在最佳条件下实施，达到高效、省能，从而节省土建与运行费用；

（3）确定某些数学公式中的参数，建立起经验式，以解决工程实际中的问题等。

在实验安排中，如果实验设计得好，次数不多，就能获得有用信息。通过实验数据的分析，可以掌握内在规律，得到满意的结论。如果实验设计得不好，次数较多，也摸索不到其中的变化规律，得不到满意的结论。因此，如何合理地设计实验，实验后又如何对实验数据进行分析，以用较少的实验次数达到实验预期的目的，是很值得研究的一个问题。

优化实验设计，就是在实验进行之前，根据实验中的不同问题，利用数学原理，科学地安排实验，以求迅速找到最佳方案的科学实验方法。它对于节省实验次数、节省原材料、较快得到有用信息是非常必要的。由于优化实验设计法为我们提供了科学安排实验的方法，因此，近年来优化实验设计越来越被科技人员重视，并得到广泛的应用。优化实验设计打破了传统均分安排实验等方法，其中单因素的 0.618 法和分数法、多因素的正交实验设计法，在国内外已广泛地应用于科学实验上，取得了很好效果。本章将重点介绍这些内容。

1.1 实验设计的几个基本概念

实验设计的几个基本概念内容如下：

（1）实验方法。通过做实验获得大量的自变量与因变量一一对应的数据，以此为基础来分析整理并得到客观规律的方法，称为实验方法。

（2）实验设计。是指为节省人力、财力，迅速找到最佳条件，揭示事物内在规律，根据实验中不同问题，在实验前利用数学原理科学编排实验的过程。

（3）实验指标。在实验设计中，用来衡量实验效果好坏所采用的标准称为实验指标或简称指标。例如，天然水中存在大量胶体颗粒，使水浑浊，为了降低浑浊度需往水中投放混凝剂，当实验目的是求最佳投药量时，水样中剩余浊度即作为实验指标。

（4）因素。对实验指标有影响的条件称为因素。例如，在水中投入适量的混凝剂可降低水的浊度，因此水中投加的混凝剂即作为分析的实验因素，简称其为因素。有一类因素，在实验中可以人为地加以调节和控制，如水质处理中的投药量，称做可控因素。另一类因素，由于自然条件和设备等条件的限制，暂时还不能人为地调节，如水质处理中的气温，称做不可控因素。在实验设计中，一般只考虑可控因素。因此，书中说到的因素，凡没有特别说明的,都是指可控因素。

(5)水平。因素在实验中所处的不同状态,可能引起指标的变化,因素变化的各种状态称做因素的水平。某个因素在实验中需要考察它的几种状态,就称它是几水平的因素。

因素的各个水平有的能用数量来表示,有的不能用数量来表示。例如:有几种混凝剂可以降低水的浑浊度,现要研究哪种混凝剂较好,各种混凝剂就表示混凝剂这个因素的各个水平,不能用数量表示。凡是不能用数量表示水平的因素,称做定性因素。在多因素实验中,经常会遇到定性因素。对定性因素,只要对每个水平规定具体含义,就可与通常的定量因素一样对待。

(6)因素间交互作用。实验中所考察的各因素相互间没有影响,则称因素间没有交互作用,否则称为因素间可有交互作用,并记为 A(因素)×B(因素)。

1.2　单因素优化实验设计

对于只有一个影响因素的实验,或影响因素虽多但在安排实验时,只考虑一个对指标影响最大的因素,其他因素尽量保持不变的实验,即为单因素实验。我们的任务是如何选择实验方案来安排实验,找出最优实验点,使实验的结果(指标)最好。

在安排单因素实验时,一般考虑三个方面的内容:

(1)确定包括最优点的实验范围。设下限用
a 表示,上限用 b 表示,实验范围就用由 a 到 b
的线段表示(见图 1-1),并记作 $[a, b]$。若 x
表示实验点,则写成 $a \leqslant x \leqslant b$,如果不考虑端点
a、b,就记成 (a, b) 或 $a < x < b$。

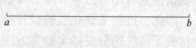

图 1-1　单因素实验范围

(2)确定指标。如果实验结果(y)和因素取值(x)的关系可写成数学表达式 $y = f(x)$,称 $f(x)$ 为指标函数(或称目标函数)。根据实际问题,在因素的最优点上,以指标函数 $f(x)$ 取最大值、最小值或满足某种规定的要求为评定指标。对于不能写成指标函数甚至实验结果不能定量表示的情况,例如,比较水库中水的气味,就要确定评定实验结果好坏的标准。

(3)确定实验方法,科学地安排实验点。

本节主要介绍单因素优化实验设计方法。内容包括均分法、对分法、0.618 法和分数法。

1.2.1　均分法与对分法

1.2.1.1　均分法

均分法的做法如下。如果要做
n 次实验,就把实验范围等分成
$n+1$ 份,在各个分点上做实验,如
图 1-2 所示。

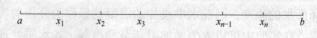

图 1-2　均分法实验点

$$x_i = a + \frac{b-a}{n+1}i \quad (i = 1, 2, \cdots, n) \tag{1-1}$$

把 n 次实验结果进行比较，选出所需要的最好结果，相对应的实验点即为 n 次实验中最优点。

均分法是一种古老的实验方法。其优点是只需把实验放在等分点上，实验可以同时安排，也可以一个接一个地安排；其缺点是实验次数较多，代价较大。

1.2.1.2 对分法

对分法的要点是每次实验点取在实验范围的中点。若实验范围为 $[a, b]$，中点公式为：

$$x = \frac{a+b}{2} \tag{1-2}$$

用对分法，每次可去掉实验范围的一半，直到取得满意的实验结果为止。但是用对分法是有条件的，它只适用于每做一次实验，根据结果就可确定下次实验方向的情况。

如某种酸性污水，要求投加碱量调整 pH＝7~8，加碱量范围为 $[a, b]$，试确定最佳投药量。若采用对分法，第一次加药量 $x_1 = \frac{a+b}{2}$，加药后水样 pH <7（或 pH>8），则加药范围中小于 x_1（或大于 x_1）的范围可舍弃，而取另一半重复实验，直到满意为止。

1.2.2 0.618 法

单因素优选法中，对分法的优点是每次实验可以将实验范围缩短一半，缺点是要求每次实验要确定下次实验的方向。有些实验不能满足这个要求，因此，对分法的应用受到一定限制。

科学实验中，有相当普遍的一类实验，目标函数只有一个峰值，在峰值的两侧实验效果都差，将这样的目标函数称为单峰函数。如图 1-3 所示为一个上单峰函数。

0.618 法适用于目标函数为单峰函数的情形。其做法如下：

设实验范围为 $[a, b]$，第一次实验点 x_1 选在实验范围的 0.618 位置上，即：

$$x_1 = a + 0.618(b - a) \tag{1-3}$$

第二次实验点选在第一点 x_1 的对称点 x_2 上，即实验范围的 0.382 位置上：

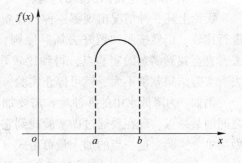

图 1-3 上单峰函数

$$x_2 = a + 0.382(b - a) \tag{1-4}$$

实验点 x_1，x_2 如图 1-4 所示。

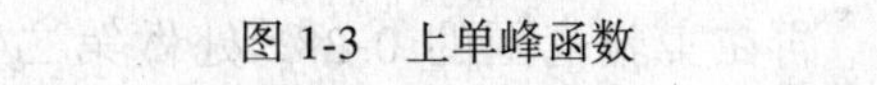

设 $f(x_1)$ 和 $f(x_2)$ 表示 x_1 和 x_2 两点的实验结果，且 $f(x)$ 值越大，效果越好。

（1）如果 $f(x_1)$ 比 $f(x_2)$ 好，根据"留好去

图 1-4 0.618 法第 1、2 个试验点分布

坏"的原则，去掉实验范围 $[a, x_2)$ 部分，在剩余范围 $[x_2, b]$ 内继续做实验。

（2）如果 $f(x_1)$ 比 $f(x_2)$ 差，同样根据"留好去坏"的原则，去掉实验范围 $(x_1, b]$，在剩余范围 $[a, x_1]$ 内继续做实验。

（3）如果 $f(x_1)$ 和 $f(x_2)$ 实验效果一样，去掉两端，在剩余范围 $[x_1, x_2]$ 内继续做实验。

根据单峰函数性质，上述 3 种做法都可使好点留下，将坏点去掉，不会发生最优点丢掉的情况。

继续做实验：

第一种情况下，在剩余实验范围 $[x_2, b]$ 上，用式（1-3）计算新的实验点 x_3：

$$x_3 = x_2 + 0.618(b - x_2) \tag{1-5}$$

如图 1-5 所示，在实验点 x_3 安排一次新的实验。

第二种情况下，剩余实验范围 $[a, x_1]$，用式（1-4）计算新的实验点 x_3。

$$x_3 = a + 0.382(x_1 - a) \tag{1-6}$$

如图 1-6 所示，在实验点 x_3 安排一次新的实验。

| x_2 | | x_3 | x_1 | | b | | a | | x_3 | x_2 | | x_1 |

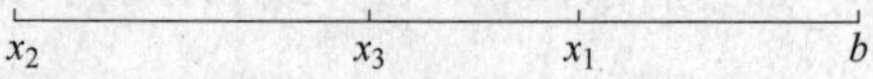

图 1-5　在第一种情况时第 3 个实验点 x_3 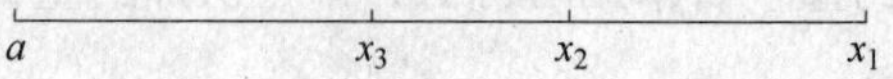　　图 1-6　在第二种情况时第 3 个实验点 x_3

第三种情况下，剩余实验范围为 $[x_2, x_1]$，用式（1-3）和式（1-4）计算两个新的实验点 x_3 和 x_4。

$$x_3 = x_2 + 0.618(x_1 - x_2) \tag{1-7}$$
$$x_4 = x_2 + 0.382(x_1 - x_2) \tag{1-8}$$

在点 x_3 和 x_4 安排两次新的实验。

无论上述 3 种情况出现哪一种，在新的实验范围内都有两个实验点的实验结果，可以进行比较。仍然按照"留好去坏"原则，再去掉实验范围的一段或两段，这样反复做下去，直至找到满意的实验点，得到比较好的实验结果为止，或实验范围已很小，再做下去，实验结果差别不大，就可停止实验。

例如：为降低水中的浑浊度，需要加入一种药剂，已知其最佳加入量在 1000~2000g 之间的某一点，现在要通过做实验找到它，按照 0.618 法选点，先在实验范围的 0.618 处做第 1 个实验，这一点的加入量可由式（1-3）计算出来。

$$x_1 = 1000 + 0.618(2000 - 1000) = 1613g \tag{1-9}$$

再在实验范围的 0.382 处做第二次实验，这一点的加入量可由式（1-4）计算出，如图 1-7 所示。

| 1000 | | 1382 | | 1618 | | 2000 |
| | | x_2 | | x_1 | | |

$$1000 + 0382 (2000 - 1000) = 1382g$$

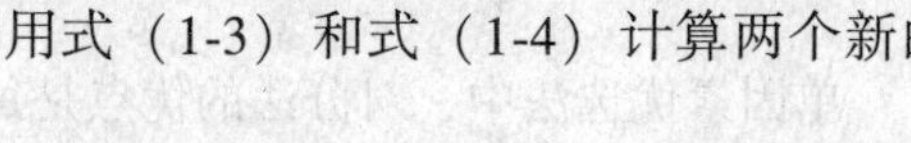

图 1-7　降低水中浑浊度第 1、2 次实验加药量

比较两次实验结果，如果 x_1 点较 x_2 点好，则去掉 1382 以下的部分，然后在留下部分再用式（1-3）找出第三个实验点 x_3，在点 x_3 做第 3 次实验，这一点的加入量为 1764g，如图 1-8 所示。

如果仍然是 x_1 点好，则去掉 1764g 以上的一段，在留下部分按式（1-4）计算得出第四实验点 x_4，在点 x_4 做第四次实验，这一点的加入量为 1528g，如图 1-9 所示。

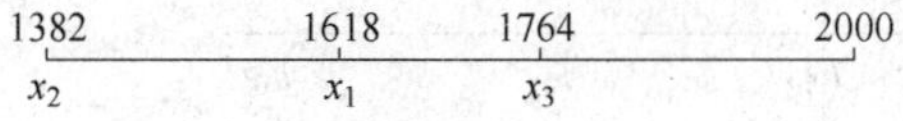

```
1382        1618    1764         2000      1382        1528    1618         1764
 x2          x1      x3                     x2          x4      x1           x3
```

图 1-8　降低水中浑浊度第 3 次实验加药量 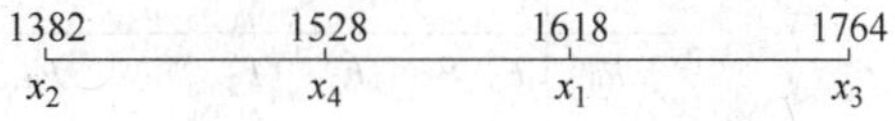　　　图 1-9　降低水中浑浊度第 4 次实验加药量

如果这一点比 x_1 点好，则去掉 1618 到 1764 这一段，在留下部分按同样方法继续做下去，如此重复最终即能找到最佳点。

总之，0.618 法简便易行，对每个实验范围都可计算出两个实验点进行比较，好点留下，从坏点处把实验范围切开，丢掉短而不包括好点的一段，实验范围就缩小。在新的实验范围内，再用式（1-3）、式（1-4）计算出两个实验点，其中一个就是刚才留下的好点，另一个是新的实验点。应用此法每次可以去掉实验范围的 0.382，因此可以用较少的实验次数迅速找到最佳点。

1.2.3　分数法

分数法又称菲波那契数列法，它是利用菲波那契数列进行单因素优化实验设计的一种方法。

菲波那契数列是满足下列关系的数列，即 F_n 在 $F_0 = F_1 = 1$ 时符合下述递推式。

$F_n = F_{n-1} + F_{n-2}$（$n \geq 2$），即从第 3 项起，每一项都是它前面两项之和，写出来就是：

$$1,\ 1,\ 2,\ 3,\ 5,\ 8,\ 13,\ 21,\ 34,\ 55,\ \cdots$$

相应的 F_n 为：$F_0,\ F_1,\ F_2,\ F_3,\ F_4,\ F_5,\ F_6,\ F_7,\ F_8,\ F_9 \cdots$

分数法也是适合单峰函数的方法，它和 0.618 法不同之处在于要求预先给出实验总次数。在实验点能取整数时，或由于某种条件限制只能做几次实验时，或由于某些原因，实验范围由一些不连续的、间隔不等的点组成或实验点只能取某些特定值时，利用分数法安排实验更为有利、方便。

利用分数法进行单因素优化实验设计。

设 $f(x)$ 是单峰函数，现分两种情况研究如何利用菲波那契数列来安排实验。

（1）所有可能进行的实验总次数 m 值，正好是某一个 F_{n-1} 值时，即可能的实验总次数 m 次，正好与菲波那契数列中的某数减一相一致时。

此时，前两个实验点，分别放在实验范围的 F_{n-1} 和 F_{n-2} 的位置上，也就是先在菲波那契数列上的第 F_{n-1} 和 F_{n-2} 点上做实验，如图 1-10 所示。

例如，通过某种污泥的消化实验确定其较佳投配率 P，实验范围为 2% ~ 13%，以变化 1% 为一个实验点，则可能实验总次数为 12 次，符合 $12 = 13 - 1 = F_6 - 1$。即 $m = F_{n-1}$ 的关系，故第 1 个实验点为：$F_{n-1} = F_5 = 8$，即放在 8 处或放在第 8 个实验点处，如图 1-10 所示，投配率为 9%。

同理第 2 个实验点为：

$$F_{n-2} = F_4 = 5$$

即第 5 个实验点投配率为 6%。

可能试验次序	1	2	3	4	5	6	7	8	9	10	11	12
F_n	F_0	F_1	F_2	F_3		F_4		F_5				F_6
数列	1	1	2	3		5		8				13
相应投配率/%		2	3	4	5	6	7	8	9	10	11	12	13
试验次序		x_4		x_3		x_5		x_2			x_1	

图 1-10　分数法第一种情况实验安排

实验后，比较两个不同投配率的结果，根据产气率、有机物的分解率，若污泥投配率 6% 优于 9%，则根据"留好去坏"的原则，去掉 9% 以上的部分（同理，若 9% 优于 6% 时，去掉 6% 以下部分）重新安排实验。

此时实验范围如图中虚线左侧，可能实验总次数 $m = 7$ 符合 $8 - 1 = 7$，$m = F_n - 1$，$F_n = 8$ 故 $n = 5$。第 1 个实验点为：

$$F_{n-1} = F_4 = 5, \quad P = 6\%$$

该点已实验，第 2 个实验点为：

$F_{n-2} = F_3 = 3$，$P = 4\%$（或利用在该范围内与已有实验点的对称关系找出第 2 个实验点，如在 1~7 点内与第 5 点相对称的点为第 3 点，相对应的投配率 $P = 4\%$）。比较投配率为 4% 和 6% 两个实验的结果并按上述步骤重复进行，如此进行下去，则对可能的 $F_6 - 1 = 13 - 1 = 12$ 次实验，只要 $n - 1 = 6 - 1 = 5$ 次实验，就能找出最优点。

（2）可能的实验总次数 m，不符合上述关系，而是符合

$$F_{n-1} - 1 < m < F_n - 1$$

在此条件下，可在实验范围两端增加虚点，人为地使实验的个数变成 F_{n-1}，使其符合第一种情况，而后安排实验。当实验被安排在增加的虚点上时，不要真正做实验，而应直接判定虚点的实验结果比其他实验点数效果都差，实验继续做下去，即可得到最优点。

例如，在混凝沉淀中，要从 5 种投药量中筛选出较佳投药量，利用分数法如下安排实验。

由菲波那契数列可知，

$$m = 5 \quad F_5 - 1 = 8 - 1 = 7$$
$$F_{n-1} - 1 = F_4 - 1 = 5 - 1 = 4$$
$$\begin{array}{cccccc} F_0 & F_1 & F_2 & F_3 & F_4 & F_5 \\ 1 & 1 & 2 & 3 & 5 & 8 \end{array}$$

$4 < m(5) < 7$，符合 $F_{n-1} < m < F_n - 1$，故属于分数法的第二种类型。

首先要增加虚点，使其实验总次数达到 7 次，如图 1-11 所示。

则第 1 个实验点为 $F_{n-1} = 5$，投药量为 2.0mg/L，第 2 个实验点为 $F_{n-2} = 3$，投药量为 1.0mg/L。经过比较后，投药量 2.0mg/L，效果较理想，根据"留好去坏"的原则，舍掉

可能试验次序									
	1	2	3		4	5	6	7	

F_n	F_0	F_1	F_2	F_3		F_4			F_5
数列	1	1	2	3		5			8

相应投药	0		0.5	1.0	1.3	2.0	3.0	0	

试验次序			x_2		x_1	x_3			

图 1-11 分数法第二种情况实验安排

1.0 以下的实验点。由图 1-11 可知,第 3 个实验点应安排在实验范围 4~7 内 5 的对称点 6 处,即投加药量 3.0mg/L。比较结果后,投药量 3.0mg/L 优于 2.0mg/L 时,则舍掉 5 点以下数据,在 6~7 范围内,根据对称点选取第 4 个实验点为虚点 7,投药量为 0mg/L,因此最佳投药量为 3mg/L。

1.3 多因素正交实验设计

科学实验中考察的因素往往很多,而每个因素的水平数往往也多,此时要全面地进行实验,实验次数就相当多。如某个实验考察 4 个因素,每个因素 3 个水平,全部实验要 $3^4 = 81$ 次。要做这么多实验,既费时又费力,而有时甚至是不可能的。由此可见,多因素的实验存在两个突出的问题:

(1) 全面实验的次数与实际可行的实验次数之间的矛盾;

(2) 实际所做的少数实验与全面掌握内在规律的要求之间的矛盾。

为解决第一个矛盾,就需要对实验进行合理的安排,挑选少数几个具有"代表性"的实验做;为解决第二个矛盾,需要对所挑选的几个实验的实验结果进行科学的分析。

我们把实验中需要考虑多个因素,而每个因素又要考虑多个水平的实验问题称为多因素实验。

如何合理地安排多因素实验?又如何对多因素实验结果进行科学的分析?目前应用的方法较多,而正交实验设计就是处理多因素实验的一种科学方法,它能帮助我们在实验前借助于事先已制好的正交表科学地设计实验方案,从而挑选出少量具有代表性的实验做,实验后经过简单的表格运算,分清各因素在实验中的主次作用并找出较好的运行方案,得到正确的分析结果。因此,正交实验在各个领域得到了广泛应用。

1.3.1 正交实验设计

正交实验设计,就是利用事先制好的特殊表格——正交表来安排多因素实验,并进行数据分析的一种方法。它不仅简单易行,计算表格化,而且科学地解决了上述两个矛盾。例如,要进行三因素二水平的一个实验,各因素分别用大写字母 A、B、C 表示,各因素的

水平分别用 A_1、A_2、B_1、B_2、C_1、C_2 表示。这样，实验点就可用因素的水平组合表示。实验的目的是要从所有可能的水平组合中，找出一个最佳水平组合。一种办法是进行全面实验，即每个因素各水平的所有组合都做实验。共需做 $2^3 = 8$ 次实验，这 8 次实验分别是 $A_1B_1C_1$、$A_1B_1C_2$、$A_1B_2C_1$、$A_1B_2C_2$、$A_2B_1C_1$、$A_2B_1C_2$、$A_2B_2C_1$、$A_2B_2C_2$。为直观起见，将它们表示在图 1-12 中。

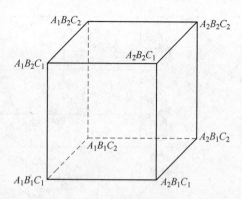

图 1-12 　三因素二水平全面实验点分布直观图

图 1-12 中的正六面体的任意两个平行平面代表同一个因素的两个不同水平。比较这 8 次实验的结果，就可找出最佳实验条件。

进行全面实验对实验项目的内在规律揭示得比较清楚，但实验次数多，特别是当因素及因素的水平数较多时，实验量很大，例如，6 个因素，每个因素 5 个水平的全面实验的次数为 $5^6 = 15625$ 次，实际上如此大量的实验是无法进行的。因此，在因素较多时，如何做到既要减少实验次数，又能较全面地揭示内在规律，这就需要用科学的方法进行合理的安排。

为了减少实验次数，一个简便的办法是采用简单对比法，即每次变化一个因素而固定其他因素进行实验。对三因素二水平的一个实验，首先固定 B、C 于 B_1、C_1。变化 A_1，如图 1-13（a）所示，较好的结果用 ∗ 表示。

于是经过 4 次实验即可得出最佳生产条件为：$A_1B_2C_1$。这种方法称为简单对比法，一般也能获得一定效果。

但是所取的 4 个实验点：$A_1B_1C_1$、$A_2B_1C_1$、$A_1B_2C_1$、$A_1B_2C_2$，它们在图中所占的位置如图 1-14。从此图可以看出，4 个实验点在正六面体上分布得不均匀，有的平面上有 3 个实验点，有的平面上仅有一个实验点，因而代表性较差。

如果我们利用 $L_4(2^3)$ 正交表安排 4 个实验点：$A_1B_1C_1$、$A_1B_2C_2$、$A_2B_1C_2$、$A_2B_2C_1$，如图 1-15 所示，正六面体的任何一面上都取了两个实验点，这样分布就

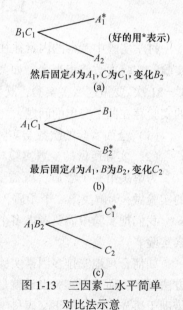

图 1-13 　三因素二水平简单
对比法示意

很均匀，因而代表性较好。它能较全面地反映各种信息。由此可见，最后一种安排实验的方法是比较好的方法。这就是大量应用正交实验设计法进行多因素实验设计的原因。

1.3.1.1 　正交表

正交表是正交实验设计法中合理安排实验，并对数据进行统计分析的一种特殊表格。常用的正交表有 $L_4(2^3)$，$L_3(2^7)$，$L_9(3^4)$，$L_8(4 \times 2^4)$，$L_{18}(2 \times 3^7)$ 等等。如表 1-1 所示为 $L_4(2^3)$ 正交表。

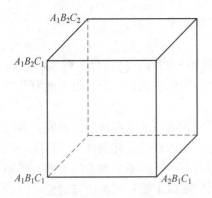

图 1-14 三因素二水平简单对比
法实验点分布

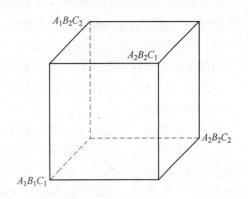

图 1-15 三因素二水平正交实验
法实验点分布

表 1-1 $L_4(2^3)$ 正交表

实验号	列　　号		
	1	2	3
1	1	1	1
2	1	2	2
3	2	1	2
4	2	2	1

A 正交表符号的含义

如图 1-16 所示，L 代表正交表，L 下角的数字表示横行数（以后简称行），即要做的实验次数；括号内的指数，表示表中直列数（以后简称列），即最多允许安排的因素个数；括号内的底数，表示表中每列的数字，即因素的水平数。

$L_4(2^3)$ 正交表告诉我们，用它安排实验，需做 4 次实验，最多可以考察 3 个 2 水平的因素，而 $L_8(4\times2^4)$ 正交表则要做 8 次实验，最多可考察一个 4 水平和 4 个 2 水平的因素。

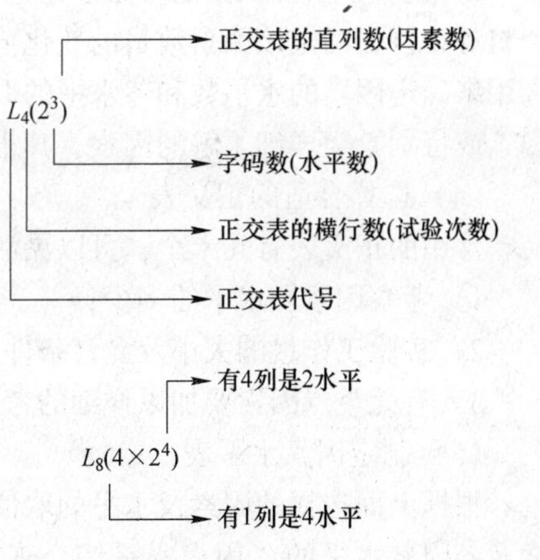

B 正交表的两个特点

（1）每一列中，不同的数字出现的次数相等。如表 1-1 不同的数字只有两个，即 1 和 2。它们各出现两次。

$L_4(2^3)$
→ 正交表的直列数(因素数)
→ 字码数(水平数)
→ 正交表的横行数(试验次数)
→ 正交表代号

$L_8(4\times2^4)$
→ 有4列是2水平
→ 有1列是4水平

图 1-16 正交表符号含义

（2）任意两列中，将同一横行的两个数字看成有序数对（即左边的数放在前，右边的数放在后面，按这一次序排出的数对）时，每种数对出现次数相等。表 1-1 中有序数对共有四种：（1，1）、（1，2）、（2，1）、（2，2），它们各出现一次。凡满足上述两个性质的表就称为正交表。附表 1 中给出了几种常用的正交表。

1.3.1.2　利用正交表安排多因素实验

利用正交表进行多因素实验方案设计，一般步骤如下。

（1）明确实验目的，确定评价指标

根据水处理工程实践明确本次实验要解决的问题，同时，要结合工程实际选用能定量、定性表达的突出指标作为实验分析的评价指标。指标可能有一个，也可能有几个。

（2）挑选因素

影响实验成果的因素很多，由于条件限制，不可能逐一或全面地加以研究，因此要根据已有专业知识及有关文献资料和实际情况，固定一些因素于最佳条件下，排除一些次要因素，而挑选一些主要因素。但是，对于不可控因素，由于测不出因素的数值，因而无法看出不同水平的差别，也就无法判断该因素的作用，所以不能被列为研究对象。

对于可控因素，考虑到若是丢掉了重要因素，可能会影响实验结果，不能正确地全面反映事物的客观规律，而正交实验设计法正是安排多因素实验的有利工具。因素多几个，实验次数增加并不多，有时甚至不增加。因此，一般倾向于多挑选些因素进行考察，除非事先根据专业知识或经验等，能肯定某因素作用很小，而不选入外，对于凡是可能起作用或情况不明或看法不一的因素，都应当选入进行考察。

（3）确立各因素的水平

因素的水平分为定性与定量两种，水平的确定包括两个含义，即水平个数的确定和各个水平的数量确定。

1）定性因素。要根据实验具体内容，赋予该因素每个水平以具体含义。如药剂种类、操作方式或药剂投加次序等。

2）定量因素。因素的量大多是连续变化的，这就要根据有关知识或经验及有关文献资料等，首先确定该因素数量的变化范围，而后根据实验的目的及性质，并结合正交表的选用来确定因素的水平数和各水平的取值，每个因素的水平数可以相等也可以不等，重要因素或特别希望详细了解的因素，其水平可多一些，其他因素的水平可少一些。

（4）选择合适的正交表

常用的正交表有几十个，可以灵活选择，但应综合考虑以下三方面的情况：

1）考察因素及水平的多少；

2）实验工作量的大小及允许条件；

3）有无重点因素要加以详细的考察。

（5）制定因素水平表

根据上面选择的因素及水平的取值和正交表，制定出一张反映实验所需考察研究的因素及各因素水平的"因素水平综合表"。该表制定过程中，对于各个因素用哪个水平号码，对应哪个用量可以任意规定，一般最好是打乱次序安排，但一经选定之后，实验过程中就不许再变。

（6）确定实验方案

根据因素水平表及选用的正交表，应做到：

1）因素顺序上列。按照因素水平表中固定下来的因素次序，顺序地放到正交表的纵列上，每列上放一种。

2）水平对号入座。因素上列后，把相应的水平按因素水平表所确定的关系，对号入座。

3）确定实验条件。正交表在因素顺序上列，水平对号入座后，表的每一横行，即代表所要进行实验的一种条件，横行数即为实验次数。

（7）实验按照正交表中每横行规定的条件，即可进行实验

实验中，要严格操作，并记录实验数据，分析整理出每组条件下的评价指标值。

1.3.1.3 正交实验结果的直观分析

实验进行之后获得了大量实验数据，如何利用这些数据进行科学的分析，从中得出正确结论，这是正交实验设计的一个重要方面。

正交实验设计的数据分析，就是要解决：哪些因素影响大，哪些因素影响小，因素的主次关系如何；各影响因素中，哪个水平能得到满意的结果，从而找出最佳生产运行条件。

要解决这些问题，需要对数据进行分析整理。分析、比较各个因素对实验结果的影响，分析、比较每个因素的各个水平对实验结果的影响，从而得出正确的结论。

直观分析法的具体步骤如下：

以正交表 $L_4(2^3)$ 为例，其中各数字以符号 $L_n(f^m)$ 表示，如表 1-2 所示。

（1）填写评价指标。将每组实验的数据分析处理后，求出相应的评价指标值 y_i，并填入表 1-2 正交表的右栏实验结果内。

（2）计算各列的各水平效应值 K_{mf}、均值 $\overline{K}_{mf}$ 及极差 R_m 值。R_m 为 m 列中 K_f 的极大与极小值之差。

$$\overline{K}_{mf} = \frac{K_{mf}}{m \text{ 列的 } f \text{ 号水平的重复次数}}$$

式中　K_{mf}——m 列中 f 号的水平相应指标值之和。

表 1-2　$L_4(2^3)$ 正交表直观分析

水　平		列　号			实验结果
		1	2	3	（评价指标）y_i
实验号	1	1	1	1	y_1
	2	1	2	2	y_2
	3	2	1	2	y_3
	4	2	2	1	y_4
K_1 K_2					$\sum\limits_{i=1}^{n} r_i$ $n =$ 实验组数
$\overline{K}_1$ $\overline{K}_2$					
$R_m = \overline{K}_1 - \overline{K}_2$ 极　差					

（3）比较各因素的极差 R 值，根据其大小，即可排出因素的主次关系。这从直观上

很易理解，对实验结果影响大的因素一定是主要因素。所谓影响大，就是这一因素的不同水平所对应的指标间的差异大，相反，则是次要因素。

（4）比较同一因素下各水平的效应值 $\overline{K}_{mf}$，能使指标达到满意的值（最大或最小）为较理想的水平值。如此，可以确定最佳生产运行条件。

（5）作因素和指标关系图，即以各因素的水平值为横坐标，各因素水平相应的均值 $\overline{K}_{mf}$ 值为纵坐标，在直角坐标纸上绘图，可以更直观地反映出诸因素及水平对实验结果的影响。

1.3.1.4　正交实验分析举例

【例 1-1】　污水生物处理所用曝气设备，不仅关系到处理厂站基建投资，还关系到运行费用，为了研制自吸式射流曝气设备的结构尺寸、运行条件与充氧性能关系，拟用正交实验法进行清水充氧实验。

实验在 1.6m×1.6m×7.0m 的钢板池内进行，喷嘴直径 $d=20$mm（整个实验中的一部分）。

A　实验方案确定及实验

（1）实验目的。实验是为了找出影响曝气充氧性能的主要因素及确定较理想的结构尺寸和运行条件。

（2）挑选因素。影响充氧的因素较多，根据有关文献资料及经验，对射流器本身结构主要考察两个，一是射流器的长径比，即混合段的长度 L 与其直径 D 之比 L/D；另一个是射流器的面积比，即混合段的断面面积与喷嘴面积之比。

$$m = \frac{F_2}{F_1} = \frac{D^2}{d^2}$$

对射流器运行条件，主要考察喷嘴工作压力 P 和曝气水深 H。

（3）确定各因素的水平。为了能减少实验次数，又能说明问题，因此，每个因素选用 3 个水平，根据有关资料选用，结果如表 1-3 所示。

表 1-3　自吸式射流曝气实验因素水平表

因素	1	2	3	4
内容	水深 H/m	压力 P/MPa	面积比 m	长径比 L/D
水平	1，2，3	1，2，3	1，2，3	1，2，3
数值	4.5，5.5，6.5	0.1，0.2，0.25	9.0，4.0，6.3	60，90，120

（4）确定实验评价指标。本实验以充氧动力效率为评价指标。氧动力效率系指曝气设备所消耗的理论功率为 1kW·h 时，向水中充入氧的数量，以 kg/(kW·h) 计。该值将曝气供氧与所消耗的动力联系在一起，是一个具有经济价值的指标，它的大小将影响到活性污泥处理厂站的运行费用。

（5）选择正交表。根据以上所选择的因素与水平，确定选用 $L_9(3^4)$ 正交表。见表 1-3。

（6）确定实验方案。根据已定的因素、水平及选用的正交表，则得出正交实验方案表 1-4。

根据表1-4，共需组织9次实验，每组具体实验条件如表中1，2，…，9各横行所示。第一次实验在水深 $H=4.5m$、喷嘴工作压力 $P=0.1MPa$、面积比 $m=D^2/d^2=9.0$、长径比 $L/D=60$ 的条件下进行。

表1-4 自吸式射流曝气正交实验方案表 $L_9(3^4)$

实验号	因　子			
	H/m	P/MPa	m	L/D
1	4.5	0.10	9.0	60
2	4.5	0.20	4.0	90
3	4.5	0.25	6.3	120
4	5.5	0.10	4.0	120
5	5.5	0.20	6.3	60
6	5.5	0.25	9.0	90
7	6.5	0.10	6.3	90
8	6.5	0.20	9.0	120
9	6.5	0.25	4.0	60

B　实验结果直观分析

实验结果及分析如表1-5所示，具体做法如下：

表1-5 自吸式射流曝气正交实验成果分析

实验号	因　子				
	水深/m	压力 P/MPa	面积比 m	长径比 L/D	充氧动力效率 $E/kg \cdot (kW \cdot h)^{-1}$
1	4.5	0.10	9.0	60	1.03
2	4.5	0.195	4.0	90	0.89
3	4.5	0.297	6.3	120	0.88
4	5.5	0.115	4.0	120	1.30
5	5.5	0.180	6.3	60	1.07
6	5.5	0.253	9.0	90	0.77
7	6.5	0.105	6.3	90	0.83
8	6.5	0.200	9.0	120	1.11
9	6.5	0.255	4.0	60	1.01
K_1	2.80	3.16	2.91	3.11	
K_2	3.14	3.07	3.20	2.49	$\sum E = 8.89$
K_3	2.95	2.66	2.78	3.29	
$\overline{K}_1$	0.93	1.05	0.97	1.04	
$\overline{K}_2$	1.05	1.02	1.07	0.83	$\mu = \dfrac{\sum E}{9} = 0.99$
$\overline{K}_3$	0.98	0.89	0.93	1.10	
R	0.12	0.16	0.14	0.27	

（1）填写评价指标。将每一实验条件下的原始数据，通过数据处理后求出动力效率，并计算算术平均值，填写在相应的栏内。

（2）计算各列的 K、$\overline{K}$ 及极差 R。

如计算 9 这一列的因素时，各水平的 K 值如下：

第 1 个水平　　$K_{4.5} = 1.03 + 0.89 + 0.88 = 2.80$

第 2 个水平　　$K_{5.5} = 1.30 + 1.07 + 0.77 = 3.14$

第 3 个水平　　$K_{6.5} = 0.83 + 1.11 + 1.01 = 2.95$

其均值 $\overline{K}$ 分别为

$$\overline{K}_{11} = \frac{2.80}{3} = 0.93$$

$$\overline{K}_{12} = \frac{3.14}{3} = 1.05$$

$$\overline{K}_{13} = \frac{2.95}{3} = 0.98$$

极差　　　　　$R_1 = 1.05 - 0.93 = 0.12$

以此分别计算 2，3，4 列，结果如表 1-5 所示。

（3）成果分析。

1）由表 1-5 中极差大小可见，影响射流曝气设备充氧效率的因素主次顺序依次为 $L/D \rightarrow P \rightarrow m \rightarrow H$。

2）由表 1-5 中各因素水平值的均值可见，各因素中较佳的水平条件分别为：

$L/D = 120$，$P = 0.1\text{MPa}$，$m = 4.0$，$H = 5.5\text{m}$

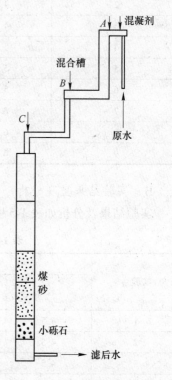

图 1-17　直接过油流程示意
A，B，C—助滤剂投加点

【例 1-2】　某直接过滤工艺流程如图 1-17 所示，原水浊度约 30 度，水温约 22℃。今欲考察混凝剂硫酸铝投量，助滤剂聚丙烯酰胺投量，助滤剂投加点及滤速对过滤周期平均出水浊度的影响，进行正交实验。每个因素选用 3 个水平，根据经验及小型试验，混凝剂投量分别为 10mg/L、12mg/L 及 14mg/L；助滤剂投量分别为 0.008mg/L、0.015mg/L 及 0.03mg/L；助滤剂投加点分别为 A、B、C 点；滤速分别为 8m/h、10m/h 及 12m/h。用 $L_9(3^4)$ 表安排实验，实验成果及分析如表 1-6 所示。

表 1-6　$L_9(3^4)$ 直接过滤正交试验成果及直观分析

实验号	混凝剂投量 /mg·L^{-1}	助滤剂投量 /mg·L^{-1}	助滤剂投加点	滤速/m·h^{-1}	过滤出水 平均浊度
1	10	0.008	A	8	0.60
2	10	0.015	B	10	0.55
3	10	0.030	C	12	0.72
4	12	0.008	B	12	0.54
5	12	0.015	C	8	0.50

实验号	混凝剂投量 /mg·L^{-1}	助滤剂投量 /mg·L^{-1}	助滤剂投加点	滤速/m·h^{-1}	过滤出水 平均浊度
6	12	0.030	A	10	0.48
7	14	0.008	C	10	0.50
8	14	0.015	A	12	0.45
9	14	0.030	B	8	0.37
K_1	1.87	1.64	1.53	1.47	
K_2	1.52	1.50	1.46	1.53	
K_3	1.32	1.57	1.72	1.71	
$\overline{K}_1$	0.62	0.55	0.51	0.49	
$\overline{K}_2$	0.51	0.50	0.49	0.51	
$\overline{K}_3$	0.44	0.52	0.57	0.57	
R	0.18	0.05	0.08	0.08	

注：助滤剂投加点：A—药剂经过混合量备；B—药剂未经设备，但经过设备出口处 0.25m 跌水混合；C—原水投
    药后未经混合即进入滤柱。

由表 1-6 可知，各因素较佳值分别为：混凝剂投量 14mg/L；助滤剂投量 0.015mg/L；助滤剂投加点 B；滤速 8m/h。而影响因素的主次分别为：混凝剂投量→助滤剂投点→滤速→助滤剂投量。

2 ◆ 误差与实验数据处理

水处理工程实验常需要做一系列的测定，并取得大量数据。实践表明，每项实验都有误差，同一项目的多次重复测量，结果总有差异。即实验值与真实值之间的差异，这是由于实验环境不理想、实验人员技术水平不高、实验设备或实验方法不完善等因素引起的。随着研究人员对研究课题认识的提高，仪器设备的不断完善，实验中的误差可以逐渐减小，但是不可能做到没有误差。因此，绝不能认为取得了实验数据就万事大吉。一方面，必须对所测对象进行分析研究，估计测试结果的可靠程度，并对取得的数据给予合理的解释；另一方面，还必须将所得数据加以整理归纳，用一定的方式表示出各数据之间的相互关系。前者即误差分析，后者为数据处理。

对实验结果进行误差分析与数据处理的目的如下：

（1）可以根据科学实验的目的，合理地选择实验装置、仪器、条件和方法；

（2）能正确处理实验数据，以便在一定条件下得到接近真实值的最佳结果；

（3）合理选定实验结果的误差，避免由于误差选取不当造成人力、物力的浪费；

（4）总结测定的结果，得出正确的实验结论，并通过必要的整理归纳（如绘成实验曲线或得出经验公式）为验证理论分析提供条件。

人们常用绝对误差、相对误差或有效数字来说明一个近似值的准确程度。为了评定实验数据的精确性或误差，认清误差的来源及其影响，需要对实验的误差进行分析和讨论。由此可以判定哪些因素是影响实验精确度的主要方面，从而在以后实验中，进一步改进实验方案，缩小实验观测值和真值之间的差值，提高实验的精确性。

误差与数据处理内容很多，在此介绍一些基本知识。读者需要更深入了解时，可参阅有关参考书。

2.1 误差的基本概念

2.1.1 真值与平均值

真值是待测物理量客观存在的确定值，也称理论值或定义值。通常真值是无法测得的。若在实验中，测量的次数无限多时，根据误差的分布定律，正负误差的出现几率相等。再经过细致地消除系统误差，将测量值加以平均，可以获得非常接近于真值的数值。但是实际上实验测量的次数总是有限的，用有限测量值求得的平均值只能是近似真值。

常用的平均值有下列几种：（1）算术平均值；（2）均方根平均值；（3）加权平均值；（4）中位值（中位数）；（5）几何平均值。计算平均值方法的选择，主要取决于一组观测值的分布类型。

2.1.1.1 算术平均值

算术平均值是最常用的一种平均值，当观测值呈正态分布时，算术平均值近似真值。设 x_1，x_2，$\cdots$，x_n 为各次测量值，n 代表测量次数，则算术平均值为：

$$\bar{x} = \frac{x_1 + x_2 + \cdots + x_n}{n} = \frac{\sum\limits_{i=1}^{n} x_i}{n} \tag{2-1}$$

2.1.1.2 均方根平均值

均方根平均值常用于计算分子的平均动能中，应用较少，其定义为：

$$\bar{x}_{均} = \sqrt{\frac{x_1^2 + x_2^2 + \cdots + x_n^2}{n}} = \sqrt{\frac{\sum\limits_{i=1}^{n} x_i^2}{n}} \tag{2-2}$$

式中符号同前。

2.1.1.3 加权平均值

若对同一事物用不同方法去测定，或者由不同的实验人员测定，计算平均值时，常对比较可靠的数值予以加重平均，称为加权平均。计算公式如下：

$$\bar{x} = \frac{\omega_1 x_1 + \omega_2 x_2 + \cdots + \omega_n x_n}{\omega_1 + \omega_2 + \cdots + \omega_n} = \frac{\sum\limits_{i=1}^{n} \omega_i x_i}{\sum\limits_{i=1}^{n} \omega_i} \tag{2-3}$$

式中，x_1，x_2，$\cdots$，x_n 代表各个观测值，ω_1，ω_2，$\cdots$，ω_n 代表与各观测值相应的权数，其他符号同前。各观测值的权数 ω，可以是观测值的重复次数、观测者在总数中所占的比例，或者根据经验确定。

【例 2-1】 某工厂测定含铬废水浓度的结果如表 2-1 所示，试计算其平均浓度。

表 2-1 含铬废水浓度

铬/mg·L^{-1}	0.3	0.4	0.5	0.6	0.7
出现次数	3	5	7	7	5

解：$\bar{x} = \dfrac{0.3 \times 3 + 0.4 \times 5 + 0.5 \times 7 + 0.6 \times 7 + 0.7 \times 5}{3 + 5 + 7 + 7 + 5}$

$= 0.52\text{mg/L}$

【例 2-2】 某印染厂各类污水的 BOD_5 测定结果如表 2-2 所示，试计算该厂污水平均浓度。

表 2-2 各类污水 BOD_5 测定结果

污水类型	BOD_5/mg·L^{-1}	污水流量/m^3·d^{-1}	污水类型	BOD_5/mg·L^{-1}	污水流量/m^3·d^{-1}
退浆泥水	4000	15	印染污水	400	1500
煮布锅污水	10000	8	漂白污水	70	900

解：$\bar{x} = \dfrac{4000 \times 15 + 10000 \times 8 + 400 \times 1500 + 70 \times 900}{15 + 8 + 1500 + 900}$

$= 331.4\text{mg/L}$

2.1.1.4 中位值（中位数）

中位值是指一组实验数据按大小次序排列的中间值。若观测次数是偶然，则中位值为正中两个值的平均值。中位值的最大优点是求法简单：只有当观测值的分布呈正态分布时，中位值才能代表一组观测值的中心趋向，近似于真值。

2.1.1.5 几何平均值

如果一组观测值是非正态分布，当对这组数据取对数后，所得图形的分布曲线更对称时，常用几何平均值。

几何平均值是一组 n 个观测值连乘并开 n 次方求得的值。计算公式如下

$$\bar{x}_{\text{几}} = \sqrt[n]{x_1 \cdot x_2 \cdots x_n} \tag{2-4}$$

【例 2-3】 某工厂测得污水的 BOD_5 数据分别为 100mg/L、110mg/L、130mg/L、120mg/L、115mg/L、190mg/L、170mg/L，求其平均浓度。

解：该厂所得数据大部分在 100～130mg/L 之间，少数数据的数值较大，此时采用几何平均值才能较好地代表这组数据的中心趋向。

$$\bar{x} = \sqrt[7]{100 \times 110 \times 130 \times 120 \times 115 \times 190 \times 170} = 130.3\text{mg/L}$$

2.1.2 直接测量值与间接测量值

（1）直接测量值就是通过仪器直接测试读数得到的数据：

1）用压力表测量容器中的压力值；

2）用电流表测量电路中的电流值；

3）过滤实验中，测压管的读数；

4）如混凝实验中，通过光电式浊度仪测出的剩余浊度值。

（2）间接测量值就是直接测量值经过公式计算后所得的另外一些测量值。

所谓数据分析，就是要对这些直接测量值或间接测量值进行分析整理，得出结论。

2.1.3 误差与误差的分类

2.1.3.1 绝对误差与相对误差

对某一指标进行测试后，测量值与其真值之间的差值称为绝对误差，即：

$$E = x - \mu \tag{2-5}$$

式中，x 为测量值；μ 为真值。

绝对误差用以反映观测值偏离真值的大小，其单位与观测值相同。由于不易测得真值，实际应用中常用观测值与平均值之差表示绝对误差。严格地说，观测值与平均值之差称为偏差，但在工程实践中多称之为误差。

在分析工作中，常把标准试样中的某成分的含量作为该成分的真值，用以估计误差的大小。

绝对误差与平均值（真值）的比值称为相对误差，即：

$$Er = \frac{x - \mu}{\mu} \times 100\%$$
(2-6)

上式常用于不同测量结果的可靠性对比中。

例如：

（1）若测定值为 10.54g，真实值为 10.52g，则：

$$E = 10.54 - 10.52 = 0.02g$$

$$Er = \frac{10.54 - 10.52}{10.52} \times 100\% = 0.19\%$$

（2）若测定值为 1.05g，真实值为 1.03g，则：

$$E = 1.05 - 1.03 = 0.02g$$

$$Er = \frac{0.02}{1.03} \times 100\% = 1.9\%$$

（3）用分析天平称量两个样品，质量分别是 1.4380g 和 0.1437g，假定两个真值分别为 1.4381g 和 0.1438g。其两者测量值的绝对误差都是 -0.0001g，但相对误差却差别很大。一个是 -0.00007，一个是 -0.0007。

可见，绝对误差 E 虽然可以表示一个测量结果的可靠程度，但在不同测量结果的可靠性对比中，不如相对误差 Er。因此，实际应用时，用相对误差来表示结果的准确度更为确切些。

2.1.3.2 系统误差、偶然误差、过失误差

根据误差的性质和产生的原因，一般分为以下三类：

A 系统误差

系统误差是指在测量和实验中未发觉或未确认的因素所引起的误差，而这些因素影响结果永远朝一个方向偏移，其大小及符号在同一组实验测定中完全相同，当实验条件一经确定，系统误差就获得一个客观上的恒定值。

当改变实验条件时，就能发现系统误差的变化规律。

系统误差产生的原因：

（1）测量仪器不良，如刻度不准，仪表零点未校正或标准表本身存在偏差等；

（2）周围环境的改变，如温度、压力、湿度等偏离校准值；

（3）实验人员的习惯和偏向，如读数偏高或偏低等引起的误差。这类误差可以和仪器的性能、环境条件或个人偏向等加以校正克服使之降低。

B 偶然误差

在已消除系统误差的一切量值的观测中，所测数据仍在末一位或末两位数字上有差别，而且它们的绝对值和符号的变化，时大时小，时正时负，没有确定的规律，这类误差称为偶然误差或随机误差。

偶然误差产生的原因不明，因而无法控制和补偿。但是，倘若对某一量值作足够多次的等精度测量后，就会发现偶然误差完全服从统计规律，误差的大小或正负的出现完全由概率决定。因此，随着测量次数的增加，随机误差的算术平均值趋近于零，所以多次测量结果的算术平均值将更接近于真值。

C　过失误差

过失误差是一种显然与事实不符的误差，它往往是由于实验人员粗心大意、过度疲劳和操作不正确等原因引起的，是一种与事实明显不符的误差。过失误差是可以避免的。

2.1.4　精密度、准确度和精确度

反映测量结果与真实值接近程度的量，称为精度（亦称精确度）。它与误差大小相对应，测量的精度越高，其测量误差就越小。"精度"应包括精密度、准确度和精确度含义：

（1）精密度。测量中所测得数值重现性的程度，称为精密度。它反映偶然误差的影响程度，精密度高就表示偶然误差小。

（2）准确度。测量值与真值的偏移程度，称为准确度。它反映系统误差的影响精度，准确度高就表示系统误差小。

（3）精确度（精度）。精确度反映测量中所有系统误差和偶然误差综合的影响程度。

在一组测量中，精密度高的准确度不一定高，例如，一个化学分析，虽然精密度很高，偶然误差小，但可能由于溶液标定不准确、稀释技术不正确、不可靠的砝码或仪器未校准等原因出现系统误差，其准确度不高。相反，准确度高的精密度也不一定高，一个方法可能很准确，但由于仪器灵敏度低或其他原因，使其精密度不够。因此，评定观测数据的好坏，首先要考察精密度，然后考察准确度。一般情况下，无系统误差，精密度愈高观测结果愈准确。但若有系统误差存在，则精密度高，准确度不一定高。

在分析工作中，可在试样中加入已知量的标准物质，考核测试方法的准确度和精密度。

为了说明精密度与准确度的区别，可用下述"打靶子"例子来说明。如图2-1所示。

图2-1（a）中表示精密度和准确度都很好，则精确度高；图2-1（b）表示精密度很好，但准确度却不高；图2-1（c）表示精密度与准确度都不好。在实际测量中没有像靶心那样明确的真值，而是设法去测定这个未知的真值。

学生在实验过程中，往往满足于实验数据的重要性，而忽略了数据测量值的准确程度。绝对真值是不可知的，人们只能订出一些国际标准作为测量仪表准确性的参考标准。但随着人类认识运动的推移和发展，可以逐步逼近绝对真值。

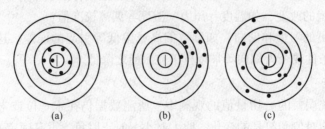

(a)　　　　　　　　(b)　　　　　　　　(c)

图2-1　精密度和准确度的关系

2.1.5　精密度的表示方法

若在某一条件下进行多次测试，其误差为 δ_1，δ_2，…，δ_n。因为单个误差可大可小、可正可负，无法表示该条件下的测试精密度，因此常采用极差、算术平均误差、标准误差

等表示精密度的高低。

2.1.5.1 极差

极差（范围误差）是指一组观测值中的最大值与最小值之差，是用以描述实验数据分散程度的一种特征参数。计算式为：

$$R = x_{\max} - x_{\min} \tag{2-7}$$

极差的缺点是只与两极端值有关，而与观测次数无关。用它反映精密度的高低比较粗糙，但其计算简便，在快速检验中可用以度量数据波动的大小。

2.1.5.2 算术平均误差

算术平均误差是观测值与平均值之差的绝对值的算术平均值。可用下式表示：

$$\delta = \frac{\sum\limits_{i=1}^{n} |x_i - \bar{x}|}{n} \tag{2-8}$$

式中　δ——算术平均误差；

　　　x_i——观测值；

　　　$\bar{x}$——全部观测值的平均值；

　　　n——观测次数。

例如，有一组观测值与平均值的偏差（即单个误差）为+4、+3、-2、+2、+4，其算术平均误差为：

$$\delta = \frac{4 + 3 + 2 + 2 + 4}{5} = 3$$

算术平均误差的缺点是无法表示出各次测试间彼此符合的情况。因为在一组测试中偏差彼此接近的情况下，与另一组测试中偏差有大、中、小三种的情况下，所得的算术平均误差可能完全相等（参阅例2-4）。

2.1.5.3 标准误差

各观测值与平均值之差的平方和算术平均值的平方根，称为标准误差（均方根误差、均方误差）。其单位与实验数据相同。计算式为：

$$d = \sqrt{\frac{\sum\limits_{i=1}^{n} (x_i - \bar{x})^2}{n}} \tag{2-9}$$

式中　d——标准误差；

　　　x_i——观测值；

　　　$\bar{x}$——全部观测值的平均值；

　　　n——观测次数。

在有限观测次数中，标准误差常用下式表示：

$$d = \sqrt{\frac{\sum\limits_{i=1}^{n} (x_i - x)^2}{n - 1}} \tag{2-10}$$

由式（2-9）可以看到，当观测值越接近平均值时，标准误差越小；当观测值和平均值相差越大时，标准误差越大。即标准误差对测试中的较大误差或较小误差比较灵敏，所以它是表示精密度的较好方法，是表明实验数据分散程度的特征参数。

【例 2-4】　已知两组测试的偏差分别为+4、+3、-2、+2、+4 和+ 1、+5、0、-3、-6，试计算其误差。

解：（1）算术平均误差为：

$$\delta_1 = \frac{4 + 3 + 2 + 2 + 4}{5} = 3$$

$$\delta_2 = \frac{1 + 5 + 0 + 3 + 6}{5} = 3$$

（2）标准误差为：

$$d_1 = \sqrt{\frac{4^2 + 3^2 + (-2)^2 + 2^2 + 4^2}{5}} = 3.1$$

$$d_2 = \sqrt{\frac{1^2 + 5^2 + 0^2 + (-3)^2 + (-6)^2}{5}} = 3.7$$

上述计算结果表明，虽然第一组测试所得的偏差彼此比较接近，第二组测试的偏差较离散，但用算术平均误差表示时，二者所得结果相同，而标准误差则能较好地反映出测试结果与真值的离散程度。

2.1.6　有效数字及其运算规则

在科学与工程中，该用几位有效数字来表示测量或计算结果，总是以一定位数的数字来表示。并不是说一个数值中小数点后面位数越多越准确。实验中从测量仪表上所读数值的位数是有限的，而取决于测量仪表的精度，其最后一位数字往往是仪表精度所决定的估计数字。即一般应读到测量仪表最小刻度的十分之一位。数值准确度大小由有效数字位数来决定。

2.1.6.1　有效数字

一个数据，其中除了起定位作用的"0"外，其他数都是有效数字。如 0.0037 只有两位有效数字，而 370.0 则有四位有效数字。一般要求测试数据有效数字为 4 位。要注意有效数字不一定都是可靠数字。如测流体阻力所用的 U 形管压差计，最小刻度是 1mm，但可以读到 0.1mm，如 342.4mmHg（1mmHg = 133.322Pa）。又如二等标准水银温度计最小刻度为 0.1℃，可以读到 0.01℃，如 15.16℃。此时有效数字为 4 位，而可靠数字只有三位，最后一位是不可靠的，称为可疑数字。记录测量数值时只保留一位可疑数字。

为了清楚地表示数值的精度，明确读出有效数字位数，常用指数的形式表示，即写成一个小数与相应 10 的整数幂的乘积。这种以 10 的整数幂来记数的方法称为科学计数法。

如 75200 有效数字为 4 位时，记为 7.520×10^5

有效数字为 3 位时，记为 7.52×10^5

有效数字为 2 位时，记为 7.5×10^5

如 0.00478 有效数字为 4 位时，记为 4.780×10^{-3}

有效数字为 3 位时，记为 4.78×10^{-3}

有效数字为 2 位时，记为 $4.7×10^{-3}$。

2.1.6.2 有效数字运算规则

（1）记录测量数值时，只保留一位可疑数字。

（2）当有效数字位数确定后，其余数字一律舍弃。舍弃办法是四舍五入，即末位有效数字后边第一位小于 5，则舍弃不计；大于 5 则在前一位数上增 1；等于 5 时，前一位为奇数，则进 1 为偶数，前一位为偶数，则舍弃不计。这种舍入原则可简述为："小则舍，大则入，正好等于奇变偶"。如保留 4 位有效数字：

3.71729→3.717，

5.14285→5.143，

7.62356→7.624，

9.37656→9.376。

（3）在加减计算中，各数所保留的位数，应与各数中小数点后位数最少的相同。例如：

$$478.2\underline{2} + 3.462 = 481.6\underline{6}\underline{2} = 481.\underline{7}$$

$$49.27\underline{} - 3.\underline{4} = 45.8\underline{7} = 45.9$$

大量计算表明，若干个数进行加法或减法运算，其和或者差的结果欠准确数字的位置与参与运算各个量中的欠准确数字的位置最高者相同。由此得出结论，几个数进行加法或减法运算时，可先将多余数修约，将应保留的欠准确数字的位数多保留一位进行运算，最后结果按保留一位欠准确数字进行取舍。这样可以减少繁杂的数字计算。

（4）在乘除运算中，各数所保留的位数，以各数中有效数字位数最少的那个数为准；其结果的有效数字位数，亦应与原来各数中有效数字最少的那个数相同。例如：

$$834.\underline{5} × 23.\underline{9} = 199\underline{4}4.\underline{5}\underline{5} = 1.99 × 10^4$$

$$2569.\underline{4} ÷ 19.\underline{5} = 131.\underline{7}\underline{6}\underline{4}\underline{1}\cdots = 132$$

由此得出结论：用有效数字进行乘法或除法运算时，乘积或商的结果有效数字的位数与参与运算的各个量中有效数字的位数最少者相同。

（5）在对数计算中，所取对数位数应与真数有效数字位数相同。例如：

$$(7.325)^2 = 53.6\underline{6}$$

$$\sqrt{32.\underline{8}} = 5.7\underline{3}$$

由此可见，乘方和开方运算的有效数字的位数与其底数的有效数字的位数相同。

应该指出，水处理工程中的一些公式中的系数，不是用实验测得的，在计算中不应考虑其位数。

2.1.7　可疑观测值的取舍

在整理分析实验数据时，有时会发现个别观测值与其他观测值相差很大，通常称它为可疑值。可疑值可能是由偶数误差造成，也可能是由系统误差引起的。如果保留这样的数据，可能会影响平均值的可靠性。如果把属于偶然误差范围内的数据任意弃去，可能暂时可以得到精密度较高的结果，但它是不科学的。因为以后在同样条件下再做实验时，超出该精度的数据还会再次出现。因此，在整理数据时，如何正确地判断可疑值的取舍是很重要的。

可疑值的取舍，实质上是区别离群较远的数据究竟是偶数误差还是系统误差造成的。因此，应该按照统计检验的步骤进行处理。

用于一组观测值中离群数据的检验方法有格拉布斯（Grubbs）检验法、狄克逊（Dixon）检验法、肖维涅（Chauvenet）准则等。下面介绍其中的两种方法。

2.1.7.1　格拉布斯检验法

设有一组观测值 x_1，x_2，$\cdots$，x_n，观测次数为 n，其中 x_1 可疑，检验步骤如下：

（1）计算 n 个观测值的平均值 $\bar{x}$（包括可疑值）；

（2）计算标准误差 d；

（3）计算 T 值，如式（2-11）所示。

$$T_i = \frac{x_i - \bar{x}}{d} \tag{2-11}$$

计算出的 T_i 若大于表2-3的临界值，则 x_i 弃去，反之则保留。

表2-3　格拉布斯临界值 T 表

n	T	n	T	n	T	n	T	n	T	n	T
3	1.15	6	1.82	9	2.11	12	2.29	15	2.41	18	2.50
4	1.46	7	1.94	10	2.18	13	2.33	16	2.44	19	2.53
5	1.67	8	2.03	11	2.24	14	2.37	17	2.47	20	2.58

【例2-5】 某河流的 BOD_5 测定结果为 1.25、1.27、1.31、1.40，问 1.40 这个数据是否要保留？

解：$\bar{x} = 1.31$，

$d = 0.066$，

$$T_4 = \frac{1.40 - 1.31}{0.066} = 1.36$$

查表2-3，当 $n = 4$ 时，$T = 1.46$，$T_4 < T$，所以 1.40 应保留。

2.1.7.2　肖维涅准则

本方法是借助于肖维涅数据取舍标准表来决定可疑值的取舍。方法如下：

（1）计算标准误差 d 和 n 个数据的平均值 $\bar{x}$；

（2）根据观测次数 n 查表2-2得系数 K；

（3）计算极限误差 K_d，$K_d = K \cdot d$；

（4）用 $x_i - \bar{x}$ 与 K_d 进行比较，若 $x_i - \bar{x} > K_d$，则 x_i 弃去；反之则保留。

【例2-6】 以上例数据用肖维涅准则检验。

根据表2-2，观测次数 $n = 4$ 时，$K = 1.53$，$K_d = K \cdot d = 1.53 \times 0.066 = 0.10098$，1.40 - 1.31 = 0.09 $< K_d = 0.10098$，所以 1.40 应保留，与上例用格拉布斯检验判断一致。

表2-4　肖维涅数值取舍标准

n	K	n	K	n	K	n	K	n	K	n	K
4	1.53	7	1.79	10	1.96	13	2.07	16	2.16	19	2.22
5	1.68	8	1.86	11	2.00	14	2.10	17	2.18	20	2.24
6	1.73	9	1.92	12	2.04	15	2.13	18	2.20		

多组观测值均值的可疑值的检验常用格拉布斯检验法，其步骤与一组观测值时用的格拉布斯检验法类似。

（1）计算各组观测值的平均值 $\bar{x}_1$，$\bar{x}_2$，$\cdots$，$\bar{x}_m$，m 为组数；

（2）计算上列均值的平均值 $\bar{\bar{x}}$（$\bar{\bar{x}}$ 称为总平均值）和标准误差 $d_{\bar{x}}$；

$$\bar{\bar{x}} = \frac{1}{m} \sum_{i=1}^{m} \bar{x}_i \tag{2-12}$$

$$d_{\bar{x}} = \sqrt{\frac{1}{m-1} \sum_{i=1}^{m} (\bar{x}_1 - \bar{\bar{x}})^2} \tag{2-13}$$

（3）计算 T 值，设 $\bar{x}_i$ 为可疑均值，则

$$T_i = \frac{\bar{x}_i - \bar{\bar{x}}}{d_{\bar{x}}} \tag{2-14}$$

（4）查出临界值 T。

用组数 m 查表 2-4，将表中的 n 改为 m 即可，得到 T，若 T_i 大于临界值 T，则 $\bar{x}_i$ 应弃去，反之则保留。

2.2 实验数据处理

在对实验数据进行误差分析整理剔除错误数据后，还要通过数据处理将实验所提供的数据进行归纳整理，用图形、表格或经验公式加以表示，以找出影响研究事物的各因素之间互相影响的规律，为得到正确的结论提供可靠的信息。

常用的实验数据表示方法有列表法、作图法和方程表示法三种。表示方法的选择主要是依靠经验，可以用其中的一种方法，也可两种或三种方法同时使用。

2.2.1 列表法

列表法是记录数据的基本方法。要使实验结果一目了然，避免混乱，避免丢失数据，便于查对，列表法是记录的最好方法。将数据中的自变量、因变量的各个数值一一对应排列出来，要简单明了地表示出有关物理量之间的关系；检查测量结果是否合理，及时发现问题；有助于找出有关量之间的联系和建立经验公式，这就是列表法的优点。设计记录表格要求：

（1）列表要简单明了，利于记录、运算处理数据和检查处理结果，便于一目了然地看出有关量之间的关系。

（2）列表要标明符号所代表的物理量的意义。表中各栏中的物理量都要用符号标明，并写出数据所代表物理量的单位及量值的数量级要交代清楚。单位写在符号标题栏，不要重复记在各个数值上。

（3）列表的形式不限，根据具体情况，决定列出哪些项目。有些个别与其他项目联系不大的数可以不列入表内。列入表中的除原始数据外，计算过程中的一些中间结果和最后结果也可以列入表中。

（4）表格记录的测量值和测量偏差，应正确反映所用仪器的精度，即正确反映测量

结果的有效数字。

（5）完整的表格应包括表的序号、表题、表内项目的名称和单位、说明以及数据来源等。

例如，要求测量圆柱体的体积，圆柱体高 H 和直径 D 的记录如表2-5所示。

表 2-5　测柱体高 H 和直径 D 记录表

测量次数 i	H_i/mm	$\Delta H_i/mm$	D_i/mm	$\Delta D_i/mm$
1	35.32	-0.006	8.135	0.0003
2	35.30	-0.026	8.137	0.0023
3	35.32	-0.006	8.136	0.0013
4	35.34	0.014	8.133	-0.0017
5	35.30	-0.026	8.132	-0.0027
6	35.34	0.014	8.135	0.0003
7	35.38	0.054	8.134	-0.0007
8	35.30	-0.026	8.136	0.0013
9	35.34	0.014	8.135	0.0003
10	35.32	-0.006	8.134	-0.0007
平均	35.326		8.1347	

注：ΔH_i 是测量值 H_i 的偏差，ΔD_i 是测量值 D_i 的偏差；测 H_i 是用精度为 0.02mm 的游标卡尺，仪器误差为 $\Delta_{仪}$ = 0.02mm；测 D_i 是用精度为 0.01mm 的螺旋测微器，其仪器误差 $\Delta_{仪}$ = 0.005mm。

由表2-5中所列数据，可计算出高、直径和圆柱体体积测量结果（近真值和合成不确定度）：

$$H = 35.33 \pm 0.02mm$$

$$D = 8.135 \pm 0.005mm$$

$$V = (1.836 \pm 0.003) \times 10^3 mm^3$$

2.2.2　作图法

作图法是在现有的坐标纸上用图形描述各变量之间的关系，将实验数据用几何图形表示出来，这就称为作图法。作图法的优点在于形式简明直观，便于比较，易显出数据中的最高点或最低点、转折点、周期性以及其他特异性等。当图形作得足够准确时，可以不必知道变量间的数学关系，对变量求微分或积分后得到需要的结果。

作图法可用于两种场合：

①已知变量间的依赖关系图形，通过实验，将取得数据作图，然后求出相应的一些参数；

②两个变量之间的关系不清，将实验数据点绘于坐标纸上，用以分析、反映变量间的关系和规律。

作图法包括以下4个步骤：

（1）坐标纸的选择。常用的坐标纸有直角坐标纸、半对数坐标纸和双对数坐标纸等。选择坐标纸时，应根据研究变量间的关系，确定选用哪一种坐标纸。坐标线不宜太密或太稀。

（2）坐标分度和分度值标记。坐标分度指沿坐标轴规定各条坐标线所代表的数值的大小。进行坐标分度应注意下列几点：

1）一般以 x 轴代表自变量，y 轴代表因变量。在坐标轴上应注明名称和所用计量单位。分度的选择应使每一点在坐标纸上都能够迅速方便地找到。例如，图 2-2（b）图的横坐标分度不合适，读数时图 2-2（a）比图 2-2（b）方便得多。

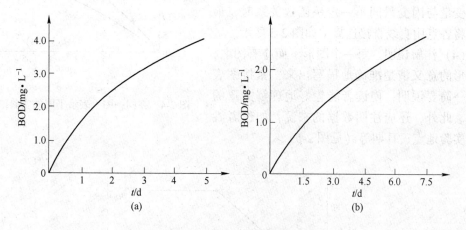

图 2-2 某种废水的 BOD 与时间 t 关系

2）坐标原点不一定就是零点，也可用低于实验数据中最低值的某一整数作起始点，高于最高值的某一整数作终点。坐标分度应与实验精度一致，不宜过细，也不能太粗。图2-3（a）和图 2-3（b）分别代表两种极端情况，图 2-3（a）的纵坐标分度过粗，超过实验精度，而图 2-3（b）分度过粗，低于实验精度，这两种分度都不恰当。

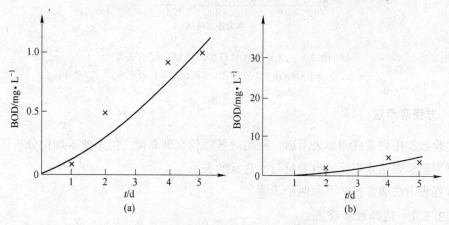

图 2-3 某废水的 BOD 与时间 t 关系

3）为便于阅读，有时除了标记坐标纸上的主坐标线的分度值外，还在一细副主线上也标以数值。

（3）根据实验数据描点和作曲线。描点方法比较简单，即把实验得到的自变量与因变量——对应得点在坐标纸上即可。若在同一图上表示不同的实验结果，应采用不同符号加以区别，并标明符号的意义，如图2-4所示。

作曲线的方法有两种：

1）实验数据充分，图上点数足够多，自变量与因变量呈函数关系，则可作出光滑连续曲线，如图2-4所示BOD曲线。

2）实验数据不够充分、图上的点数较少，不易确定自变量与因变量之间的对应关系，或者自变量与因变量间不一定呈函数关系时，最好是将各点用直线直接连接，如图2-5所示。

（4）注解说明。每一个图形下面应有图名，将图形的意义清楚准确地描写出来，紧接图表应有一简要说明，使读者能较好地理解文章的意思。此外，还应注明数据的来源，如作者姓名、实验地点、日期等（见图2-5）。

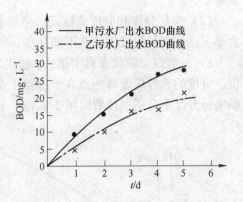

图2-4　在同一图上表示不同的实验结果

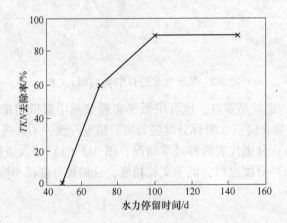

图2-5　*TKN*去除率与水力停留时间的关系
(××年×月×日兼性氧化塘出水测试结果××研究所)

2.2.3　方程表示法

实验数据用列表或图形表示后，使用时虽然较直观简便，但不便于理论分析研究，故常需要用数学表达式来反映自变量与因变量的关系。

方程表示法通常包括下面两个步骤。

2.2.3.1　选择经验公式

表示一组实验数据的经验公式应该是描点，形式简单紧凑，式中系数不宜太多。一般没有一个简单方法可以直接获得一个较理想的经验公式，通常是先将实验数据在直角坐标纸上描点，再根据经验和解析几何知识推测经验公式的形式。若经验证表明此形式不够理想时，则另立新式，再进行实验，直至得到满意的结果为止。表达式中容易直接用实验验证的是直线方程，因此应尽量使所得函数形式呈直线式。若得到的函数形式不是直线式，可以通过变量变换，使所得图形改为直线。

2.2.3.2 确定经验公式的系数

确定经验公式中系数的方法有多种，在此仅介绍直线图解法和回归分析中的一元线性回归、一元非线性回归以及回归线的相关系数与精度。

A 直线图解法

凡实验数据可直接绘成一条直线或经过变量变换后能改为直线的，都可以用此法。具体方法如下。将自变量与因变量一一对应的点绘在坐标纸上作直线，使直线两边的点差不多相等，并使每一点尽量靠近直线。所得直线的斜率就是直线方程 $y = a + bx$ 中的系数 b，y 轴上的截距就是直线方程中的 a 值。直线的斜率可用直角三角形的 $\Delta y / \Delta x$ 比值求得（见图 2-7）。

直线图解法的优点简便，但由于各人用直尺凭视觉画出的直线可能不同，因此，精度较差。当问题比较简单，或者精度要求低于 0.2% ~ 0.5% 时可以用此法。

B 一元线性回归

一元线性回归就是工程上和科研中常常遇到的配直线的问题，即两个变量 x 和 y 存在一定的线性相关关系，通过实验取得数据后，用最小二乘法求出系数 a 和 b，并建立起回归方程 $\bar{y} = a + bx$（它称为 y 对 x 的回归线）。

用最小二乘法求系数时，应满足以下两个假定：

所有自变量的各个给定值均无误差，因变量的各值可带有测定误差；

最佳直线应使各实验点与直线的偏差的平方和为最小。

由于各偏差的平方均为正数，如果平方和为最小，说明这些偏差很小，所得的回归线即为最佳线。

计算式为：

$$a = \bar{y} - b\bar{x} \tag{2-15}$$

$$b = \frac{L_{xy}}{L_{xx}} \tag{2-16}$$

式中：

$$\bar{x} = \frac{1}{n} \sum_{i=1}^{n} x_i \tag{2-17}$$

$$\bar{y} = \frac{1}{n} \sum_{i=1}^{n} y_i \tag{2-18}$$

$$L_{xx} = \sum_{i=1}^{n} x_i^2 - \frac{1}{n} \left(\sum_{i=1}^{n} x_i \right)^2 \tag{2-19}$$

$$L_{xy} = \sum_{i=1}^{n} x_i y_i - \frac{1}{n} \left(\sum_{i=1}^{n} x_i \right) \left(\sum_{i=1}^{n} y_i \right) \tag{2-20}$$

一元线性回归的计算步骤如下。

（1）将实验数据列入一元线性回归计算表（见表 2-6），并计算。

表 2-6　一元线性回归计算表

序号	x_i	y_i	x_4^2	y_4^2	$x_4 y_4$
$\sum$					

$\sum x =$　　　　　　　　　　$\sum y =$　　　　　　　　　　　　　　$n =$

$x =$　　　　　　　　　　　　$y =$

$\sum x^2 =$　　　　　　　　　$\sum y^2 =$　　　　　　　　　　　　$\sum xy =$

$L_{xx} = \sum x^2 - (\sum x)^2/n =$　　　$L_{xy} = \sum xy - (\sum x)(\sum y)/n =$

$L_{yy} = \sum y^2 - (\sum y)^2/n =$

（2）根据式（2-15）、式（2-16）计算 a、b，得一元线性回归方程 $\bar{y} = a + bx$。

【例 2-7】　已知某污水测定结果如表 2-7 所示，试求 a 和 b。

表 2-7　某污水测定结果

污染物浓度 $x/\mathrm{mg} \cdot \mathrm{L}^{-1}$	0.05	0.10	0.20	0.30	0.40	0.50
吸光度 y	0.020	0.046	0.100	0.120	0.140	0.180

解：将实验数据列入一元线性回归计算表 2-8，并计算。

表 2-8　一元线性回归计算表

序号	x	y	x^2	y^2	xy
1	0.05	0.020	0.0025	0.00040	0.0010
2	0.10	0.046	0.010	0.00212	0.0046
3	0.20	0.100	0.040	0.0100	0.0200
4	0.30	0.120	0.090	0.0144	0.0360
5	0.40	0.140	0.160	0.0195	0.0560
6	0.50	0.180	0.250	0.0324	0.0900
$\sum$	1.55	0.606	0.5525	0.0789	0.208

$\sum x = 1.55$　　　　　　　$\sum y = 0.606$　　　　　　$n = 6$

$\bar{x} = 0.258$　　　　　　　$\bar{y} = 0.101$

$\sum x^2 = 0.5525$　　　　　　$\sum y^2 = 0.0789$　　　　　　$\sum xy = 0.298$

$L_{xx} = 0.152$　　　　　　　$L_{yy} = 0.0177$　　　　　　$L_{xy} = 0.0514$

$$b = L_{xy}/L_{xx} = 0.0514/0.152 = 0.338$$

$$a = \bar{y} - b\bar{x} = 0.101 - 0.338 \times 0.258 = 0.014$$

$$\bar{y} = 0.014 + 0.338\bar{x}$$

C　回归线的相关系数与精度

用上述方法配出的回归线是否有意义？两个变量间是否存在线性关系？在数学上引入了相关系数 r 来检验回归线有无意义，用相关系数的大小判断建立的经验公式是否正确。

相关系数 r 是判断两个变量之间相关关系的密切程度的指标，它有下述特点：

（1）相关系数是介于 -1 和 1 之间的某任意值。

（2）$r=0$ 时，说明变量 y 的变化可能与 x 无关，这时 x 与 y 没有线性关系，如图 2-6 所示。

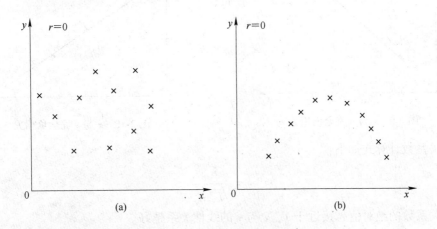

图 2-6　x 与 y 无线性关系

（3）$0 < |r| < 1$ 时，x 与 y 之间存在着一定线性关系。

当 $r>0$ 时，直线斜率时正的，y 值随着 x 增加而增加，此时称 x 与 y 为正相关（见图 2-7）。

当 $r<0$ 时，直线的斜率是负的，y 随着 x 的增加而减少，此时称 x 与 y 为负相关（见图 2-8）。

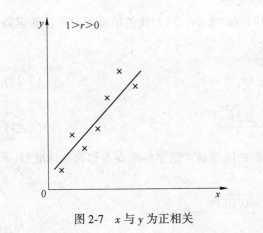

图 2-7　x 与 y 为正相关

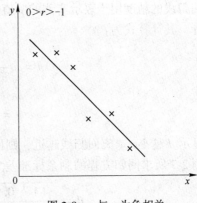

图 2-8　x 与 y 为负相关

（4）$|r|=1$ 时，x 与 y 完全线性相关。

当 $r=+1$ 时称为完全正相关（见图 2-9）。

当 $r=-1$ 时，称为完全负相关（见图 2-10）。

相关系数只表示 x 与 y 线性相关的密切程度，当 $|r|$ 很小，甚至为零时，只表明 x 与 y 之间线性关系不密切，或不存在线性关系，并不表示 x 与 y 之间没有关系，可能两者存在着非线性关系（见图 2-6）。

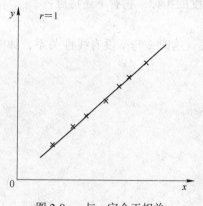

图 2-9   x 与 y 完全正相关

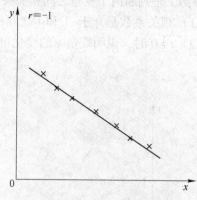

图 2-10   x 与 y 完全负相关

相关系数计算式如下：

$$r = \frac{L_{xy}}{\sqrt{L_{xx}L_{yy}}} \tag{2-21}$$

相关系数的绝对值越接近于 1，x 与 y 的线性关系越好。

附录 2 给出了相关系数检验表，表中的数称相关系数的起码值。求出的相关系数大于表上的数时，表明上述用一元线性回归配出的直线是有意义的。

例如，例 2-7 的相关系数为：

$$r = \frac{0.0514}{\sqrt{0.152 \times 0.0177}} = 0.991$$

此例 $n=6$，查附录 2，自由度 $n-2=4$ 的一行，相应的数为 0.811（0.05）。

$r=0.991>0.811$，所以，配得的直线是有意义的。

回归线的精度用于表示实测的 y 值偏离回归线的大小，回归线的精度可以用标准误差来估计，其计算式为：

$$d = \sqrt{\frac{1}{n-2}\sum_{i=1}^{n}(y_i - \hat{y}_i)^2} \tag{2-22}$$

或

$$d = \sqrt{\frac{(1-r^2)L_{yy}}{n-2}} \tag{2-23}$$

显示 d 越小，y_i 离回归线越近，则回归方程精度越高。这里标准误差称剩余标准差。

例 2-7 所求回归方程的剩余标准差为：

$$d = \sqrt{\frac{(1-0.991^2) \times 0.0179}{6-2}} = 0.009$$

D   一元非线性回归

在水处理工程中遇到的问题，有时两个变量之间的关系并不是线性关系，而是某种曲线关系（如生化需氧量曲线）。这时，需要解决选配适当类型的曲线，以及确定相关函数中的系数等问题。具体步骤如下。

（1）确定变量间函数的类型。

确定变量间函数关系的类型的方法有两种：

1）根据已有的专业知识确定，例如，生化需氧量曲线可用指数函数 $L_t = L_u(1 - e^{-K_t t})$ 来表示；

2）事先无法确定变量间函数关系的类型时，先要根据实验数据作散布图，再从散布图的分布形状选择适当的曲线来配合。

（2）确定相关函数中的系数。

确定函数类型以后，需要确定函数关系式中的系数。其方法如下：

1）通过坐标变换（即变量变换）把非线性函数关系转化成线性关系，即化曲线为直线；

2）在新坐标系中用线性回归方法配出回归线；

3）还原回原坐标系，即得所求回归方程。

（3）如果散布图所反映出的变量之间的关系与两种函数类型相似，无法确定选用哪一种曲线形式更好时，可以都做回归线，再计算它们的剩余标准差小的函数类型。

E　曲线改直，曲线方程的建立

在实验工作中，许多物理量之间的关系并不都是线性的，由曲线图直接建立经验公式一般是比较困难的，但仍可通过适当的变换而成为线性关系，即把曲线变换成直线，再利用建立直线方程的办法来解决问题。这种方法称做曲线改直。作这样的变换不仅是由于直线容易描绘，更重要的是直线的斜率和截距所包含的物理内涵是我们所需要的。例如：

（1）$y = ax^b$，式中 a，b 为常量，可变换成 $\lg y = \lg x + \lg a$，$\lg y$ 为 $\lg x$ 的线性函数，斜率为 b，截距为 $\lg a$。

（2）$y = ab^x$，式中 a，b 为常量，可变换成 $\lg y = (\lg b)x + \lg a$，$\lg y$ 为 x 的线性函数，斜率为 $\lg b$，截距为 $\lg a$。

（3）$PV = C$，式中 C 为常量，要变换成 $P = C(1/V)$，P 是 $1/V$ 的线性函数，斜率为 C。

（4）$y^2 = 2px$，式中 p 为常量，$y = \pm\sqrt{2p}\,x^{1/2}$，$y$ 是 $x^{1/2}$ 的线性函数，斜率为 $\pm\sqrt{2p}$。

（5）$y = x/(a + bx)$，式中 a，b 为常量，可变换成 $1/y = a(1/x) + b$，$1/y$ 为 $1/x$ 的线性函数，斜率为 a，截距为 b。

（6）$s = v_0 t + at^2/2$，式中 v_0，a 为常量，可变换成 $s/t = (a/2)t + v_0$，s/t 为 t 的线性函数，斜率为 $a/2$，截距为 v_0。

【例 2-8】　某污水处理厂出水 BOD 测试结果如表 2-9 所示，试求经验公式。

表 2-9　某污水处理厂出水 BOD 测试结果

t/d	0	1	2	3	4	5	6	7
$BOD/mg \cdot L^{-1}$	0.0	9.2	15.9	20.9	24.4	27.2	29.1	30.6

解：

（1）作散布图，并连成一光滑曲线（见图 2-11）。根据水处理工程专业知识知道 BOD 曲线呈指数函数形式：

$$y = \mathrm{BOD}_u(1 - e^{-K_t t})$$

或

$$y = \mathrm{BOD}_u(1 - 10^{-K_1 t})$$

式中　y——某一天的 BOD 值，mg/L；

　　BOD_u——某一阶段 BOD（即生化需氧量）；

　　K_i，K_1——耗氧速率常数。

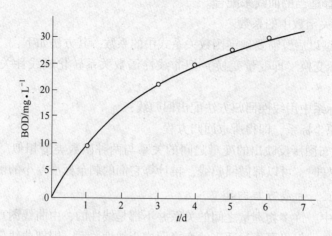

图 2-11　BOD 与 t 的关系曲线

（2）变换坐标，曲线改为直线。

根据专业知识对 $y = BOD_u(1-10^{-K_1 t})$ 微分得

$$\frac{dy}{dt} = BOD_u(-10^{-K_1 t})\ln10(-K_1)$$

即

$$\frac{dy}{dt} = 2.303 BOD_u K_1 \cdot 10^{-K_1 t}$$

上式取对数得

$$\lg\left(\frac{dy}{dt}\right) = \lg(2.303 BOD_u K_1) - K_1 t$$

上式表明，当以 $\frac{\Delta y}{\Delta t}$ 与 t 在半对数坐标纸上作图时，便可以化 BOD 曲线为直线，如图 2-12 所示。故先变换变量如下表，然后将数据在半对数纸上描点即得图 2-12。

表 2-10　变换量

t/d	0	1	2	3	4	5	6	7
y/mg·L^{-1}	0	9.2	15.9	20.9	24.4	27.2	29.1	30.6
Δy	—	9.2	6.7	5.0	3.5	2.8	1.9	1.5
t_i/d	—	0.5	1.5	2.5	3.5	4.5	5.5	6.5

（3）相关函数中的系数。化 BOD 直线为曲线后，便可用线性回归方程配出回归线。鉴于在例 2-7 中对于配回归线的方法已做例解，在此例中不再赘述。为了便于读者更好地掌握图解法，在此改用图解法求系数。

图 2-12 中，斜率 $= \dfrac{\lg10.9 - \lg1.2}{0 - 7} = -0.137$

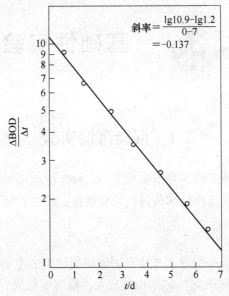

$$\text{斜率} = \frac{\lg 10.9 - \lg 1.2}{0 - 7}$$
$$= -0.137$$

图 2-12 $\dfrac{\Delta \text{BOD}}{\Delta t}$ 与 t 的关系曲线

即

$$K_1 = 0.137(\text{d}^{-1})$$

$$\text{BOD}_u = \frac{10.9}{2.303 \times 0.137} = 34.5\text{mg/L}$$

所以 BOD 曲线为

$$y = 34.5(1 - 10^{-0.137t})$$

3 基础性实验

3.1 混凝沉淀实验

混凝沉淀实验是水处理工程的基础实验之一，被广泛地用于科研、教学和生产中。通过混凝沉淀实验，不仅可以选择投加药剂种类和数量，还可确定其他混凝最佳条件。

3.1.1 实验目的

(1) 了解混凝现象、混凝的净水作用及影响混凝效果的主要因素；
(2) 观察絮凝体（俗称矾花）的形成过程及混凝沉淀效果，加深对混凝理论的理解；
(3) 研究确定实验水样的最佳投药种类和投药量。

3.1.2 实验原理

水中由于含有各种悬浮物、胶体和溶解物等杂质，呈现出浊度、色度、臭和味等水质特征，其中胶体颗粒是形成水中浊度的主要因素。由于胶体颗粒主要是带负电的黏土颗粒，胶粒间的静电斥力、胶粒的布朗运动及胶粒表面的水化作用，使得胶粒在水中可以长期保持分散悬浮状态，即具有分散稳定性，很难靠重力自然沉降而去除，三者中以静电斥力的影响最大。胶粒表面的电荷值常用 ξ 来表示，又称为 Zeta 电位。Zeta 电位的高低决定了胶体颗粒之间斥力的大小及胶体颗粒的稳定程度，胶粒的 Zeta 电位越高，胶体颗粒的稳定性越高。

消除或降低胶体颗粒稳定因素的过程称做脱稳。通过向水中投加混凝剂提供大量的正离子，压缩胶团的扩散层，使 ξ 电位降低，静电斥力减小，可使胶体的稳定状态破坏。脱稳之后的胶体颗粒，则可借助一定的水力条件通过碰撞而彼此聚集，形成足以靠重力沉淀的较大的絮凝体（俗称矾花），从而从水中分离。例如，向水中投加无机混凝剂硫酸铝，会产生离解和水解作用，其产物为 Al^{3+}、$Al(OH)^{2+}$、$Al(OH)_2^+$、$Al(OH)_3$ 等，它们一方面通过压缩胶团的扩散层降低 ξ 电位，减小胶粒之间的斥力，从而使胶粒脱稳，互相聚合絮凝成大颗粒；另一方面 $Al(OH)^{2+}$、$Al(OH)_2^+$、$Al(OH)_3$ 对于大小胶粒有强烈吸附作用，因此在胶粒之间进行吸附架桥，颗粒逐渐变大形成细矾花，细矾花能黏结悬浮物质吸附溶解杂质，与其他矾花结成粗大矾花，从水中分离出来，使浑水得到澄清。

胶体失去稳定性的过程称为凝聚（coagulation），脱稳胶体相互聚集称为絮凝（flocculation），混凝是凝聚和絮凝的总称。

在水处理工艺中，向原水投加混凝剂，以破坏水中胶体颗粒的稳定状态，使颗粒易于相互接触而吸附的过程称为凝聚。其对应的工艺过程及设备在工程上称为混合（设备）；在一定水力条件下，通过胶粒间以及和其他微粒间的相互碰撞和聚集，从而形成易于从水中分离的物质，称为絮凝。其对应的工艺设备及过程在工程上称为絮凝（设备）。这两个阶段共同构成了水的混凝过程。混凝不仅在给水处理方面得以应用，同时在处理城市污水、工业废水和污泥浓缩、脱水等方面也得到了广泛应用。

由于胶体的混凝过程比较复杂，原水水质又各异，因此混凝效果的好坏受诸多因素的影响，主要有水温、pH 值、原水水质、水力条件、混凝剂种类及投加量等。

3.1.2.1 水温的影响

水温对混凝效果有明显影响。水温低时，絮凝体形成缓慢，絮凝颗粒细小、松散，沉淀效果差，即使增加混凝剂的投加量往往也难以取得良好的混凝效果。主要原因是：

（1）无机盐混凝剂水解多是吸热反应，水温低时混凝剂水解速率降低；

（2）低温时水的黏度大，布朗运动强度减弱，水中杂质颗粒碰撞机会减少，不利于胶粒脱稳凝聚生成较大絮凝体。同时，水黏度大时，水流剪力也增大，影响絮体的增大；

（3）水温低时胶体颗粒的水化作用增强，水化膜增厚，妨碍胶体凝聚，而且水化膜内的水由于黏度和重度增大，影响了颗粒之间黏附强度。

3.1.2.2 pH 值的影响

对于不同的混凝剂，水的 pH 值的影响程度也不相同。对于聚合形态的混凝剂，如聚合氯化铝和有机高分子混凝剂，其混凝效果受水体 pH 值的影响程度较小。铝盐和铁盐混凝剂投入水中后的水解反应过程，其水解产物直接受到水体 pH 值的影响，会不断产生 H^+，从而导致水的 pH 值降低。水的 pH 值直接影响水解聚合反应，亦即影响水解产物的存在形态。例如，向被处理水中投加混凝剂 $Al_2(SO_4)_2$、$FeCl_3$ 后，生成 Al（Ⅲ）、Fe（Ⅲ）化合物对胶体颗粒的脱稳效果不仅受混凝剂投加量、水中胶体颗粒的浓度影响，同时还受水的 pH 值影响。若 pH 值过低（小于4），则混凝剂的水解受到限制，其水解产物中高分子多核多羟基物质的含量很少，絮凝作用很差；如水的 pH 值过高（大于 9~10），它们就会出现溶解现象，生成带负电荷的络合离子，也不能很好地发挥絮凝作用。

所以，为了保证正常混凝所需的碱度，有时就需考虑投加碱剂（石灰）以中和混凝剂水解过程中所产生的 H^+。每一种混凝剂对不同的水质条件都有其最佳的 pH 值作用范围，超出这个范围则混凝的效果下降或减弱。

3.1.2.3 原水水质的影响

对于处理以浊度为主的地表水，主要的水质影响因素是水中悬浮物含量和碱度，水中电解质和有机物的含量对混凝也有一定的影响。水中悬浮物含量很低时，颗粒碰撞几率大大减小，混凝效果差，通常采用投加高分子助凝剂或矾花核心类助凝剂等方法来提高混凝效果。如果原水悬浮物含量很高，如我国西北、西南等地区的高浊度水源，为了使悬浮物达到吸附电荷中和脱稳，铝盐或铁盐混凝剂的投加量将需大大增加，为减少混凝剂投量，一般在水中先投加高分子助凝剂，如聚丙烯酰胺等。

3.1.2.4 水力条件的影响

在混凝过程中，投加混凝剂，压缩胶体颗粒的双电层，降低 Zeta 电位，是实现胶体脱稳的必要条件，但要进一步使脱稳胶体形成大的絮凝体，关键在于保持颗粒间的相互碰撞。由于布朗运动造成的颗粒碰撞絮凝称为异向絮凝，由机械运动或液体流动造成的颗粒碰撞絮凝，称同向絮凝。异向絮凝只对微小颗粒起作用，当粒径大于 1~5μm 时，布朗运动基本消失。要使较大的颗粒进一步碰撞聚集，还有靠同向絮凝，即靠流体湍动来促使颗粒相互碰撞，因此，水力条件对混凝效果有重大的影响。一般用速度梯度来反映水力条件，速度梯度是指两相邻水层的水流速度差和它们之间的距离之比，用 G 表示。根据碰撞能量的来源的不同，可采用式（3-1）和式（3-2）来计算 G 值。

机械搅拌：

$$G = \sqrt{\frac{p}{\mu V}} \tag{3-1}$$

式中　p——混合或反应设备中水流所耗功率，W，$1W = 1J/s = 1(N \cdot m)/s$；

　　　V——混合或反应设备中水的体积，m^3；

　　　μ——水的动力黏滞系数，$Pa \cdot s$，$1Pa \cdot s = 1N \cdot s/m^2$。

不同水温的动力黏滞系数见表 3-1。

表 3-1　不同水温的动力黏滞 μ 值

温度/℃	0	5	10	15	20	25	30	40
$\mu/10^{-3}N \cdot s \cdot m^{-2}$	1.781	1.518	1.307	1.139	1.002	0.890	0.798	0.653

水力搅拌：

$$G = \sqrt{\frac{\rho g h}{T \mu}} = \sqrt{\frac{g h}{\nu T}} \tag{3-2}$$

式中　ν——水的运动黏度，m^2/s；

　　　h——经混凝设备的水损，m；

　　　T——水流在混凝设备中的停留时间，s；

　　　g——重力加速度，m^2/s。

式（3-1）、式（3-2）两个 G 值计算公式就是著名的甘布（T. R. Camp）公式。

从药与水混合到絮体形成是整个混凝工艺的全过程。根据所发生的作用不同，混凝分为混合和絮凝两个阶段，分别在不同的构筑物或设备中完成。

在混合阶段，以胶体的异向凝聚为主，要使药剂迅速均匀地分散到水中以利于水解、聚合及脱稳。这个阶段进行得很快，特别是 Al^{3+}、Fe^{3+} 盐混凝剂，所以必须对水流进行剧烈、快速的搅拌。混合时间 10~30s，搅拌强度以 G 值为 700~1000s^{-1}。

在絮凝阶段，主要以同向絮凝（以水力或机械搅拌促使颗粒碰撞絮凝）为主。同向絮凝效果与速度梯度 G 和絮凝时间 T 有关。由于此时絮体已经长大，易破碎，所以 G 值比前一阶段减小，即搅拌强度或水流速度应逐步降低。平均 G 值为 20~70s^{-1}，反应时间 15~30min。本实验采用机械搅拌反应，G 值及反应时间 T 值（以 s 计）应符合上述要求。

3.1.2.5　混凝剂投加量

投加量过少效果难以保证，而过多又会造成浪费，对某些混凝剂来说投量过大还会影响混凝效果。混凝剂的最佳投加量是指能达到水质目标的最小投加量。最佳投药量具有技术经济意义，最好通过烧杯试验确定。如何根据原水水质、水量变化和既定的出水水质目标，确定最优混凝剂投加量，是水厂生产管理中的重要内容。根据实验室混凝烧杯搅拌试验确定最优投加量，简单易行，是经常采用的方法之一。

3.1.3 实验仪器及材料

（1）仪器。

1）六联搅拌机 1 台；

2）光电式浊度仪 1 台。

（2）器具。

1）量筒（1000mL）1 个；

2）烧杯（1500mL、200L）各 12 个；

3）移液管（1mL、2mL、5mL、10mL）各 2 支；

4）洗耳球（100mL）4 个；

5）温度计（0~50℃）1 支；

6）注射器（50mL）2 个，移取沉淀水上清液用。

（3）试剂。

1）硫酸铝 $Al_2(SO_4)_3 \cdot 18H_2O(10\%)$；

2）聚合氯化铝 $[Al_2(OH)_n Cl_{6-n}]_m(10\%)$；

3）三氯化铁 $FeCl_3 \cdot 6H_2O$（10%）。

3.1.4 实验步骤

（1）准备实验用原水。取河水或用黏土和自来水配制水样 20L，静沉 6h；其上清液为实验用原水。并测定原水的浑浊度、温度及 pH 值。

（2）准备试剂。按照以上各试剂浓度分别配制溶液 100mL。

（3）熟悉混凝六联搅拌机和浊度仪的操作方法。

（4）确定最佳混凝剂和最小投药量：

1）用 3 个 1500mL 的烧杯，分别注入 1000mL 原水，将其置于六联搅拌器上。启动搅拌器，使搅拌器处于慢速搅拌状态（50r/min）；

2）分别向 3 个烧杯中投加上述已配制好的 3 种混凝剂，逐次增加 0.2mL 混凝剂投加量，直至其中一个水样出现矾花。将混凝剂用量记录在表 3-2 中；

3）停止搅拌，静置 10min；

4）用 50mL 的注射针筒抽取上清液，用浊度仪测定水样的浊度，记录在表 3-2 中；

5）根据测得的浊度确定出最佳混凝剂。

（5）确定混凝剂的最佳投药量：

1）取 6 个 1500mL 的烧杯，分别注入 1000mL 原水，并依次编号，按顺序放置在搅拌器上；

2）根据步骤（4）确定的最佳混凝剂，分别按最小投药量的 0.5、1.0、1.5、2.0、3.0、4.0 倍的剂量用移液管吸取混凝剂，移入 6 个与烧杯对应编号的小试管中备用。记录在表 3-3 中；

3）启动搅拌器，调节转速约 300r/min 进行快速搅拌，0.5min 快速混合结束后，调节搅拌器转速至中速，转速约 150r/min，搅拌 5min。最后慢速搅拌，转速约 50r/min，搅拌 10~20min；

4）搅拌过程中，注意观察并记录矾花的形成过程、矾花外观、大小、密实程度等，并记在表3-3中。如矾花过细或分辨不清时，可用雾状、中等粒度、密实、松散或无矾花等作适当的描述；

5）停止搅拌，静置沉淀10min，然后用50mL注射针筒分别抽出烧杯上清液，用浊度仪测定水的剩余浊度，记录在表3-3中；

6）分析浊度与混凝剂投加量的关系，确定混凝剂的最佳投药量；

7）当最小剩余浊度为投药量最小或最大的水样时，需调整投药范围，重新确定最佳投药量。

3.1.5　实验数据记录与整理

（1）最佳混凝剂数据记录。

1）基本参数。

原水水温：_____；原水浊度：_____；原水 pH 值：_____。

2）确定最佳混凝剂原始记录。

表 3-2　确定最佳混凝剂原始记录表

水样编号		1	2	3	4
混凝剂名称		硫酸铝	聚合氯化铝	三氯化铁	聚丙烯酰胺
最小投加量	mL				
	mg/L				
剩余浊度	NTU				

（2）混凝剂最佳投药量原始数据记录。

1）基本参数。

混凝剂种类：_____；混凝剂浓度：_____；混合转速：_____；

混合时间：_____；絮凝时间：_____；沉淀时间：_____。

2）确定混凝剂最佳投药量原始记录。

表 3-3　确定混凝剂最佳投药量原始记录表

编号	矾花形成及沉淀过程描述	混凝剂投加量 /mg·L^{-1}	沉淀出水	
			pH 值	剩余浊度
1				
2				
3				
4				
5				
6				

（3）成果整理。以混凝剂投加量为横坐标，以剩余浊度为纵坐标，绘制投药量-剩余浊度曲线，从曲线上可求得不大于某一剩余浊度的最佳投药量值。

思考题

（1）根据实验结果以及实验中所观察到的现象，简述影响混凝效果的主要因素。

（2）为什么当混凝剂投药量最大时，混凝效果反而不好？

（3）参考本实验，设计出测定最佳 pH 值实验方案。

（4）本实验与水处理实际情况有哪些差别？如何改进？

3.2 沉 淀 实 验

3.2.1 颗粒自由沉淀实验

3.2.1.1 实验目的

水中悬浮颗粒依靠重力作用，从水中分离出来的过程称为沉淀。沉淀是水处理工程中用以去除水中杂质的常用方法。沉淀可分为四种基本类型：即自由沉淀、絮凝沉淀、成层沉淀、压缩沉淀。颗粒自由沉淀是指悬浮物质浓度不高，且颗粒不具有絮凝性或絮凝性较弱时，在沉淀过程中，可以认为颗粒之间互相碰撞，呈单颗粒状态，各自独立完成沉淀过程。典型实例是沙粒在沉淀池中的沉淀以及悬浮物浓度较低的污水在初次沉淀池中的沉淀过程。

自由沉淀实验是研究水中颗粒浓度较低时单颗粒的沉淀规律。一般是通过沉淀柱静沉实验，获取沉淀曲线，它不仅具有理论指导意义，而且也是水处理工程中，沉淀池、初次沉淀池等构筑物设计的重要依据。

本实验采用测定沉淀柱底部不同历时累计沉淀泥量方法，找出去除率与沉速的关系。通过实验，希望达到以下目的：

（1）加深对自由沉淀特点、基本概念及沉淀规律的理解；

（2）掌握颗粒自由沉淀实验方法，并能对实验数据进行分析、整理、计算和绘制颗粒自由沉淀曲线。

3.2.1.2 实验原理及内容

分散性固体颗粒的沉降称为自由沉淀。在其沉淀过程中，颗粒间互不凝聚，各自等速下沉，下沉过程中颗粒的物理性质（形状、大小、密度）不发生变化，其沉速在层流区符合 Stokes（斯托克斯）公式。但是由于水中颗粒的复杂性，颗粒粒径、颗粒密度很难或无法准确地测定，因而沉淀效果、特性无法通过公式求得，而是通过静沉实验确定。

由于自由沉淀时颗粒是等速下沉，下沉速度与沉淀高度无关，因此自由沉淀可在一般沉淀柱内进行。但沉淀柱直径应足够大，一般应使 $D \geqslant 100$mm，以免颗粒沉淀过程受沉淀柱壁的干扰。

具有大小不同粒径悬浮物的混合液，其静沉总去除率 E 与截留速度 u_0、颗粒质量分数的关系如下

$$E = (1 - P_0) + \int_0^{P_0} \frac{u_s}{u_0} \mathrm{d}P \tag{3-3}$$

此种计算方法也称为悬浮物去除率的累积曲线计算法。

设在一水深为 H 的沉淀柱内进行自由沉淀实验，如图 3-1 所示。实验开始，沉淀时间为 0，此时沉淀柱内悬浮物分布是均匀的，即每个断面上颗粒的数量与粒径的组成相同，悬浮物浓度为 $C_0(\mathrm{mg/L})$，此时去除率 $E = 0$。

实验开始后，不同沉淀时间 t_i，颗粒最小沉淀速度 u_i 相应为

$$u_i = \frac{H}{t_i} \tag{3-4}$$

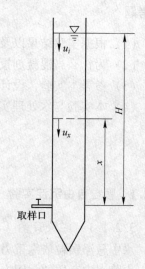

此即为 t_i 时间内从水面下沉到柱底（此处为取样点）的最小颗粒 d_i 所具有的沉速。此时取样点处水样悬浮物浓度为 C_i，而：

$$\frac{C_0 - C_i}{C_0} = 1 - \frac{C_i}{C_0} = 1 - P_i = E_0 \tag{3-5}$$

此时去除率 E_0，表示具有沉速 $u \geq u_i$（粒径 $d \geq d_i$）的颗粒去除率，而：

图 3-1 自由沉淀示意图

$$P_i = \frac{C_i}{C_0} \tag{3-6}$$

则反映了 t_i 时，未被去除之颗粒即 $d < d_i$ 的颗粒所占的百分比。

实际上沉淀时间 t_i 内，由水中沉至池底的颗粒是由两部分颗粒组成，即沉速 $u \geq u_i$ 的那一部分颗粒能全部沉至池底。除此之外，颗粒沉速 $u \leq u_i$ 的那一部分颗粒，也有一部分能沉至池底。这是因为，这部分颗粒虽然粒径很小，沉速 $u_s < u_i$，但是这部分颗粒并不都在水面，而是均匀地分布在整个沉淀柱的高度内。因此，只要在水面下，它们下沉至池底所用的时间，能少于或等于具有沉速 u_i 的颗粒由水面降至池底所用的时间 t_i，那么这部分颗粒也能从水中被除去。

沉速 $u_s < u_i$ 的那部分颗粒虽然有一部分能从水中去除，但其中也是粒径大的沉到柱底的多，粒径小的沉到柱底的少，各种粒径颗粒的去除率并不相同。因此，若能分别求出各种粒径的颗粒占全部颗粒的百分比，并求出该粒径在时间 t_i 内，能沉至柱底的颗粒占本粒径颗粒的百分比，则二者乘积即为此种粒径颗粒在全部颗粒中的去除率。如此分别求出 $u_s < u_i$ 的那些颗粒的去除率，并相加后，即可得出这部分颗粒的去除率。

为了推求其计算式，首先绘制 $P\text{-}u$ 关系曲线，其横坐标为颗粒沉速 u，纵坐标为未被去除颗粒的百分比 P，如图 3-2 所示。

由图 3-2 中可见：

$$\Delta P = P_1 - P_2 = \frac{C_1}{C_0} - \frac{C_2}{C_0} = \frac{C_1 - C_2}{C_0} \tag{3-7}$$

故 ΔP 是当选择的颗粒沉速由 u_1 降至 u_2 时，整个水中所能多去除的那部分颗粒的去除率，也就是所选择的要去除的颗粒粒径由 d_1 减到 d_2 时水中所能多去除的，即粒径在 $d_1 \sim d_2$ 间的那

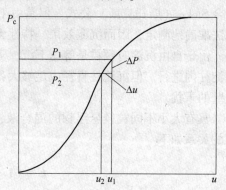

图 3-2 $P\text{-}u$ 关系曲线

部分颗粒所占的百分比。因此当 ΔP 间隔无限小时，则 $\mathrm{d}P$ 为代表粒径为小于 d_1 的某一粒径 d 的颗粒占全部颗粒的百分比。这些颗粒能沉至池底的条件，应是在水中某一点沉至柱底所用的时间，必须等于或小于具有沉速为 u_i 的颗粒由水面沉至柱底所用的时间，即应满足：

$$\frac{x}{u_x} \leqslant \frac{H}{u_i}$$

$$x \leqslant \frac{Hu_x}{u_i}$$

由于颗粒均匀分布，又为等速沉淀，故沉速 $u_x < u_i$ 的颗粒只有在 x 水深以内才能沉到柱底。因此能沉至柱底的这部分颗粒，占这种粒径的百分比为 $\frac{x}{H}$，如图 3-1 所示，而：

$$\frac{x}{H} = \frac{u_x}{u_i}$$

此即为同一粒径颗粒的去除率。取 $u_0 = u_i$，且为设计选用的颗粒沉速；$u_s = u_x$，则有

$$\frac{u_x}{u_i} = \frac{u_s}{u_0}$$

由上述分析可见，$\mathrm{d}P_s$ 反映了具有沉速 u_s 的颗粒占全部颗粒的百分比，而 $\frac{u_s}{u_0}$ 则反映了在设计沉速为 u_0 的前提下，具有沉速 u_s（$< u_0$）的颗粒去除量占本颗粒总量的百分比。故：

$$\frac{u_s}{u_0}\mathrm{d}p \tag{3-8}$$

正是反映了在设计沉速为 u_0 时，具有沉速为 u_s 的颗粒所能被去除的部分占全部颗粒的比率。利用积分求解这部分 $u_s < u_0$ 的颗粒的去除率，则为：

$$\int_0^{p_0} \frac{u_s}{u_0}\mathrm{d}p \tag{3-9}$$

故颗粒的总去除率为：

$$E = (1 - P_0) + \int_0^{p_0} \frac{u_s}{u_0}\mathrm{d}P \tag{3-10}$$

工程中常用下式计算：

$$E = (1 - P_0) + \frac{\sum u_s \cdot \Delta P}{u_0} \tag{3-11}$$

3.2.1.3 实验装置与设备

（1）有机玻璃管沉淀柱一根，内径 $D \geqslant 100\mathrm{mm}$，高 2.0m。工作水深即由溢流口至取样口距离，共有七个取样口，编号由上而下为 1~7。每根沉淀柱上设溢流管、取样口、进水及放空管。

（2）配水及投配系统包括塑料板水池、搅拌装置、水泵、配水管和计量水深用标尺，如图 3-3 所示。

（3）计量水深用标尺、计时用秒表或手表。

（4）玻璃烧杯、移液管、玻璃棒、瓷盘等。

（5）悬浮物定量分析所需设备：万分之一天平、称量瓶、干燥皿、烘箱、抽滤装置、定量滤纸等。

（6）实验水样可用天然河水或人工配制水样。人工配水可按照 400mg/L 浓度配置高岭土溶液。

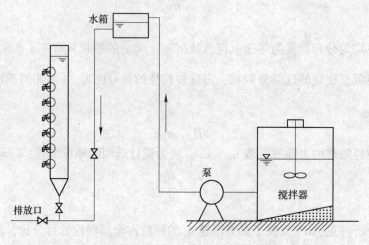

图 3-3   自由沉淀静沉实验装置

3.2.1.4 实验步骤

（1）将实验用水倒入水池内，开启机械搅拌装置搅拌，待池内水质均匀后，从池内取样，测定悬浮物浓度，此即为 C_0 值（实验水样也可用生活污水、工业废水等）。

（2）开启水泵，水经配水管进入沉淀柱内，当水上升到溢流口并流出后，关闭进水阀、停泵。记录时间，沉淀实验开始。

（3）隔 5min、10min、20min、30min、60min、120min，在下部取样口各取水样 200mL，记录沉淀柱内液面高度。

（4）观察悬浮颗粒沉淀特点、现象。

（5）测定悬浮物浓度为 C_1、C_2、$C_3 \cdots C_n(\mathrm{mg/L})$。

表 3-4   颗粒自由沉淀实验记录

静沉时间 t/min	滤纸质量 /g	取样体积 /mL	滤纸+SS 质量 /g	水样 SS 质量 /g	C_i /mg·L^{-1}	工作水深 /cm
0						
5						
10						
20						
30						
60						
120						

3.2.1.5 注意事项

（1）向沉淀柱内进水时，速度要适中。既要较快完成进水，以防进水中一些较重颗粒沉淀；又要防止速度过快造成柱内水体紊动，影响静沉实验效果。

（2）取样前，一定要记录管中水面至取样口距离 H_0(cm)。

（3）取样时，先排除管中积水而后取样，每次取 100~200mL。

（4）测定悬浮物时，因颗粒较重，从烧杯取样要边搅边吸，以保证两平行水样的均匀性。贴于移液管壁上细小的颗粒一定要用蒸馏水洗净。

3.2.1.6 实验数据结果整理与分析

（1）实验基本参数整理。

水样性质及来源；

沉淀柱直径 $d =$ _____（mm）；沉淀柱高 $H =$ _____（cm）；

水温_____（℃）；原水悬浮物浓度 $C_0 =$ _____（mg/L）。

（2）实验数据整理。将实验原始数据按表 3-5 整理。

表 3-5 实验原始数据整理表

静沉时间 t_i/min	沉淀高度 H/cm	实测水样 SS/mg·L^{-1}	计算用 SS C_i/mg·L^{-1}	未被去除颗粒百分比 P_i/%	颗粒沉速 u_i/mm·s^{-1}
0					
5					
10					
20					
30					
60					
120					

表中不同沉淀时间 t_i 时，沉淀柱内未被去除的悬浮物的百分比及颗粒沉速分别按式（3-12）和式（3-13）计算。

$$P_i = \frac{C_i}{C_0} \times 100\% \qquad (3\text{-}12)$$

式中　C_0——原水中 SS 浓度值，mg/L；

　　　C_i——某沉淀时间，水样中 SS 浓度值，mg/L。

相应颗粒沉速

$$u_i = \frac{H_i}{t_i} \qquad (3\text{-}13)$$

（3）以颗粒沉速 u 为横坐标，以 P 为纵坐标，绘制 P-u 关系曲线。如图 3-4 所示。

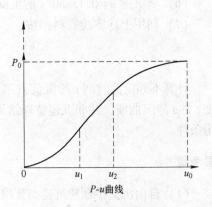

图 3-4 P-u 沉淀性能曲线

（4）利用图解积分法列表（见表 3-6），计算不同沉速时，悬浮物的去除率。

表 3-6 悬浮物去除率 E 的计算

序号	u_0	P_0	$1-P_0$	Δp	u_s	$\Delta p u_s$	$\sum u_s \cdot \Delta p$	$\dfrac{\sum u_s \cdot \Delta p}{u_0}$	$E = (1 - P_0) + \dfrac{\sum u_s \cdot \Delta p}{u_0}$

（5）根据上述计算结果，以 E 为纵坐标，分别以 u 及 t 为横坐标，绘制 E-t、E-u 关系曲线。如图 3-5、图 3-6 所示。

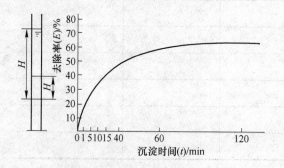

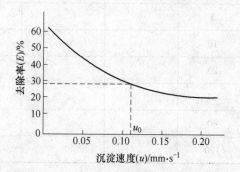

图 3-5　去除率（E）-沉淀时间（t）曲线　　　　图 3-6　去除率（E）-沉淀速度（u）曲线

（6）求沉速 $u = 0.15\text{mm/s}$ 的沉淀总效率。

（7）利用上述实验资料，按

$$E = \frac{C_0 - C_i}{C_0} \times 100\%$$

计算不同沉淀时间 t 的沉淀效率 E，绘制 E-t（去除率-沉淀时间），（去除率-沉淀速度）E-u 静沉曲线，并和上述整理结果加以对照与分析，指出上述两种整理方法结果的适用条件。

思考题

（1）自由沉淀中颗粒沉速与絮凝沉淀中颗粒沉速有何区别？

（2）绘制自由沉淀静沉曲线的方法及意义。

（3）自由沉淀的测定是否还有其他方法？

（4）沉淀柱高分别为 $H=1.2m$、$H=0.9m$，两组实验成果是否一样，为什么？

3.2.2 絮凝沉淀实验

絮凝沉淀实验是研究浓度一般的絮状颗粒的沉淀规律。一般是通过几根沉淀柱的静沉实验获取颗粒沉淀曲线，不仅可借此进行沉淀性能对比、分析，而且也可作为污水处理工程中某些构筑物的设计和生产运行的参数重要依据。

3.2.2.1 实验目的

（1）加深对絮凝沉淀的特点、基本概念及沉淀规律的理解；

（2）掌握絮凝实验方法，并能利用实验数据绘制絮凝沉淀静沉曲线。

3.2.2.2 实验原理

悬浮物浓度不太高，一般在 $600\sim700mg/L$ 以下的絮状颗粒的沉淀属于絮凝沉淀，如给水工程中混凝沉淀，污水处理中，初沉池内的悬浮物沉淀均属此类。沉淀过程中由于颗粒相互碰撞，凝聚变大，沉速不断加大，因此，颗粒沉速实际上是一个变速沉降过程。实验中所说的絮凝沉淀颗粒沉速，是指颗粒沉淀平均速度。絮凝颗粒在平流沉淀池中的沉淀轨迹是一曲线，而不同于自由沉淀颗粒的直线运动。在沉淀池内颗粒去除率不仅与颗粒沉速有关，而且与沉淀有效水深有关。因此沉淀柱内不仅要考虑器壁对悬浮物沉淀的影响，还要考虑柱高对沉淀效率的影响。

静置沉淀中絮凝沉淀颗粒去除率的计算基本思想与自由沉淀一致，但方法有所不同。自由沉淀采用累积曲线计算法，而絮凝沉淀采用的是纵深分析法，颗粒去除率按式(3-14)计算：

$$E = E_T + \frac{Z'}{Z_0}(E_{T+1} - E_T) + \frac{Z''}{Z_0}(E_{T+2} - E_{T+1}) + \cdots + \frac{Z^n}{Z_0}(E_{T+n} - E_{T+n-1}) \quad (3\text{-}14)$$

式中　E——颗粒的总去除率；

　　　E_T——T 时刻 $u_s \geq u_0$ 那部分颗粒的总去除率；

　　　$Z^{(i)}$——T 时刻各曲线之间的中点高度；

　　　Z_0——沉淀池有效水深。

根据絮凝沉淀等去除率曲线，应用图解法近似求出不同时间、不同高度的颗粒去除率，图解法就是在絮凝沉淀曲线上作中间曲线，计算如图 3-7 所示。去除率同分散颗粒一样，也分成为被全部去除的颗粒和部分去除的颗粒两部分。

A　全部被去除的颗粒部分

这部分颗粒是指在给定的停留时间（如图 3-7 中 T_1），与给定的沉淀池有效水深（如图 3-7 中 $H=Z_0$）时，两直线相交点的等去除率线的 E 值，如图 3-7 中的 $E=E_2$。即在沉淀时间 $t=T_1$，沉降有效水深

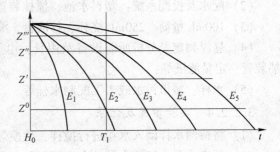

图 3-7　絮凝沉淀颗粒等去除率曲线

$H=Z_0$时具有沉速 $u \geqslant u_0 = \dfrac{Z_0}{T_1}$ 的那些颗粒能全部被去除，其去除率为 E_2。

B 部分被去除的颗粒部分

同自由沉淀一样，悬浮物在沉淀时，虽然有些颗粒粒径较小、沉速较小，不能从池顶下沉到池底，但是在池体中某一深度处的颗粒，在满足条件即沉降到池底所用时间 $t = \dfrac{Z_x}{u_x}$ $\leqslant \dfrac{Z_0}{u_0}$ 时，这部分颗粒也就被去除掉了。这些颗粒的沉速 $u < \dfrac{Z_0}{T_1}$，颗粒大的沉淀快，去除率大。其计算方法、原理与分散颗粒一样，用 $E = E_T + \dfrac{Z'}{Z_0}(E_{T+1} - E_T) + \dfrac{Z''}{Z_0}(E_{T+2} - E_{T+1})$ $+ \cdots + \dfrac{Z^n}{Z_0}(E_{T+n} - E_{T+n-1})$ 代替了分散颗粒中的 $\displaystyle\int_0^{P_0} \dfrac{u_s}{u_0} \cdot \mathrm{d}P$。

式中，$E_{T+n} - E_{T+n-1} = \Delta E$，代表的是把颗粒沉速由 u_0 降到 u_s 时，所能去除的颗粒占全部颗粒的百分比。这些颗粒在沉淀时间 t_0 时，并不能全部沉到池底，而只有符合条件 $t_s \leqslant t_0$ 的那部分颗粒能沉到池底，$\dfrac{h_s}{u_s} \leqslant \dfrac{H_0}{u_0}$，故有 $\dfrac{u_s}{u_0} = \dfrac{h_s}{H_0}$。同自由分散沉淀一样，由于 u_s 为未知数，故采用近似计算法，用 $\dfrac{h_s}{H_0}$ 来代替 $\dfrac{u_s}{u_0}$，工程上多采用等分 $E_{T+n} - E_{T+n-1}$ 间的中点水深 Z^i 代替 h_i，则 $\dfrac{Z^i}{H_0}$ 近似地代表了这部分颗粒中能沉到池底的颗粒所占的百分数。

由上推论可知，$\dfrac{Z^i}{H_0}(E_{T+n} - E_{T+n-1})$ 就是沉速为 $u_s \leqslant u \leqslant u_0$ 的这些颗粒的去除量所占全部颗粒的百分比，以此类推，式 $\displaystyle\sum \dfrac{Z^i}{H_0}(E_{T+n} - E_{T+n-1})$ 即为全部颗粒的去除率。

3.2.2.3 实验装置与设备

（1）沉淀柱：有机玻璃沉淀柱，内径 $D \geqslant 100\mathrm{mm}$，高 $H = 3.6\mathrm{m}$，沿不同高度设有取样口，如图 3-8 所示。管最上为溢流孔，管下为进水孔，共五套；

（2）配水及投配系统：塑料水池、搅拌装置、水泵、配水管；

（3）100mL 量筒、250mL 烧杯、移液管、漏斗等；

（4）悬浮物定量分析所需设备及用具：电子天平、带盖称量瓶、干燥皿、烘箱、滤抽装置、定量滤纸等；

（5）水样：城市污水或人工配制水样等。

3.2.2.4 实验步骤及记录

（1）将待测水样倒入水箱进行搅拌，待搅匀后取样测定原水样悬浮物浓度 SS 值；

（2）开启水泵，打开水泵的上水阀门和各沉淀柱上水管阀门；

（3）放掉存水后，关闭放空管阀门，打开沉淀柱上水管阀门；

（4）依次向 1~5 沉淀柱内进水，当水位达到溢流孔时，关闭进水阀门，同时记录沉淀时间。5 根沉淀柱的沉淀时间分别为 20min、40min、60min、80min、120min；

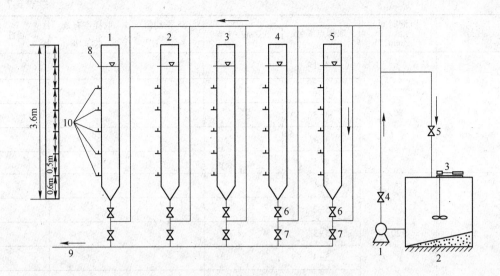

图 3-8　絮凝沉淀实验装置示意图

1—水泵；2—水池；3—搅拌装置；4—配水管阀门；5—水泵循环管阀门；6—各沉淀柱进水阀门；

7—各沉淀柱放空阀门；8—溢流孔；9—放水管；10—取样口

（5）当达到各柱的沉淀时间时，在每根柱上自上而下地依次取样，测定水样悬浮物的浓度；

（6）将数据记录于表 3-7 中。

表 3-7　絮凝沉淀实验记录表

柱号	沉淀时间 /min	取样点编号	SS/mg·L⁻¹	SS 平均值 /mg·L⁻¹	取样点有效 水深/m	备注
1	20	1-1				
		1-2				
		1-3				
		1-4				
		1-5				
2	40	2-1				
		2-2				
		2-3				
		2-4				
		2-5				
3	60	3-1				
		3-2				
		3-3				
		3-4				
		3-5				

柱号	沉淀时间/min	取样点编号	SS/mg·L⁻¹	SS 平均值/mg·L⁻¹	取样点有效水深/m	备注
4	80	4-1				
		4-2				
		4-3				
		4-4				
		4-5				
5	120	5-1				
		5-2				
		5-3				
		5-4				
		5-5				

3.2.2.5　注意事项

(1) 向沉淀柱进水时，速度要适中，既要防止悬浮物由于进水速度过慢而絮凝沉淀，又要防止由于进水速度过快，沉淀开始后柱内还存在紊流，影响沉淀效果；

(2) 由于同时要由每个柱的 5 个取样口取样，故人员分工、烧杯编号等准备工作要做好，以便能在较短的时间内，从上至下准确地取出水样；

(3) 测定悬浮物浓度时，一定要注意两平行水样的均匀性；

(4) 注意观察、描述颗粒在沉淀过程中自然絮凝作用及沉速的变化。

3.2.2.6　实验数据整理与分析

(1) 实验基本参数。

实验日期_____；水样性质及来源_____；

沉淀柱直径 $d=$ _____；柱高 $H=$ _____；水温 $=$ _____℃；

原水 $SS_0=$ _____ mg/L。

(2) 实验数据整理。

将表 3-7 实验数据进行整理，并计算各取样点的去除率 E，列成表 3-8。

表 3-8　各取样点悬浮物去除率 E 值计算

取样深度/m　　沉淀柱　　沉淀时间/min	1	2	3	4	5
	20	40	60	80	120

（3）以沉淀时间 t 为横坐标，以深度为纵坐标，将各取样点的去除率填在各取样点的坐标上，如图 3-9 所示。

（4）在上述基础上，用内插法绘出等去除率曲线。E 最好是以 5%或 10%为一间距，如 25%、35%、45%或 20%、25%、30%。

（5）选择某一有效水深 H，过 H 做 x 轴平行线，与各去除率线相交，再根据式 (3-14)计算不同沉淀时间的总去除率。

（6）以沉淀时间 t 为横坐标、E 为纵坐标，绘制不同有效水深 H 的 $E \sim t$ 关系曲线及 $E \sim u$ 曲线。

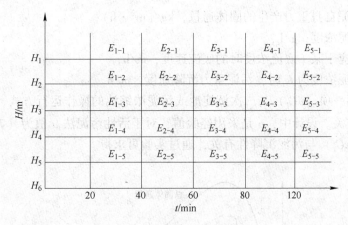

图 3-9　各取样点去除率

思考题

（1）观察絮凝沉淀现象，并叙述与自由沉淀现象有何不同，实验方法有何区别？

（2）两种不同性质的污水经絮凝实验后，所得同一去除率的曲线之曲率不同，试分析其原因，并加以讨论。

（3）实际工程中，哪些沉淀属于絮凝沉淀？

3.2.3　成层沉淀实验

在污水处理中的二次沉淀池、污泥重力浓缩池和化学污泥沉淀池中，由于悬浮固体浓度较高，常出现成层沉淀现象。成层沉淀过程的主要影响因素有悬浮固体的性质、浓度以及沉淀池的水力条件等。通过成层沉淀实验，可为设计和生产运行提供参数和依据。

3.2.3.1　实验目的

（1）加深对成层的特点、基本概念，以及沉淀规律的理解；

（2）掌握污泥成层沉淀特性曲线的测定方法；

（3）了解固定通量法分析方法。

3.2.3.2　实验原理

悬浮物浓度大于某值的高浓度水（大于 500mg/L，否则不会形成成层沉淀），如黄河高浊水、活性污泥法曝气池混合液、浓集的化学污泥等，不论其颗粒性质如何，颗粒的下沉均表现为浑浊液面的整体下沉。这与自由沉淀、絮凝沉淀完全不同，后两者研究的都是一个颗粒沉淀时的运动变化特点（考虑的是悬浮物个体），而对成层沉淀的研究却是针对悬浮物整体，即整个浑液面的沉淀变化过程。成层沉淀时颗粒间相互位置保持不变，颗粒下沉速度即为浑液面等速下沉速度。该速度与原水浓度、悬浮物性质等有关。

活性污泥在二沉池和连续流污泥重力浓缩池中，污泥颗粒的沉降主要为两个因素：（1）污泥自身重力；（2）污泥回流与排泥产生底泥。污泥沉降的固体通量公式可表示为：

$$G = G_u + G_i = uC_i + vC_i \tag{3-15}$$

式中 G——总固体通量，kg/(m² · h)；

G_u——底流产生的固体通量，kg/(m² · h)；

G_i——污泥自身重力产生的固体通量，kg/(m² · h)；

C_i——污泥浓度，g/L；

u——相应于某一底流浓度时的底流速度，m/h；

v——污泥浓度为 C_i 时，污泥重力沉降速度，m/h。

式（3-15）中第一项（uC_i）与二次沉淀池或污泥浓缩池的操作运行方式、污泥性质和要求浓缩的程度有关。设计中，u 是采用经验值，对于活性污泥法 u 值为 $(7.1 \sim 1.4) \times 10^{-5}$ m/s。第二项（vC_i）与污泥沉降性有关，通过实验可求得。

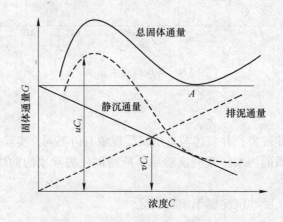

图 3-10   静置沉降与排泥通量曲线

从图 3-10 中可以看到，总固体通量曲线 G 上有一个最低点 A，与这一点对应的固体通量 G_L 为极限固体通量。当二次沉淀池或浓缩池的入流污泥负荷 G_a 大于 G_L 的状态，或 $G_a \geq G_L$，泥面将不断上升，直到污泥被出流带走。对于二次沉淀 G_a 可用下式表示：

$$G_a = \frac{(Q + Q_u)C_{MLSS}}{A} \tag{3-16}$$

式中 C_{MLSS}——曝气池混合液浓度，g/L；

Q——污水流量，m³/h；

Q_u——底流流量，m³/h；

A——二次沉淀池的面积，m²。

极限固体通量 G_L 可以通过沉淀实验求得。设计时，常采用经验值，对于活性污泥混合液，G_L 为 3.0~6.0kg/(m² · h)。

成层沉淀实验是在静止状态下，研究浑浊液面高度随沉淀时间的变化规律。以浑浊液面高度为纵轴，以沉淀时间为横轴，所绘得的 H-t 曲线，称为成层沉淀过程线，它是求二次沉淀池断面面积的基本资料。成层沉淀过程线分为四段，如图 3-11 所示。

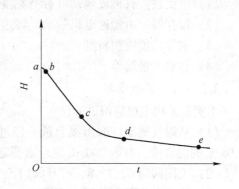

图 3-11　成层沉淀过程线

（1）a-b 段，称之为加速段或污泥絮凝段。此段所用时间很短，曲线略向下弯曲，这是浑液面形成的过程，反映了颗粒絮凝性能。

（2）b-c 段，浑浊液面等速沉淀段或称等浓沉淀区，此区由于悬浮颗粒的相互牵连和强烈干扰，均衡了它们各自的沉淀速度，使颗粒群体以共同干扰后的速度下沉，沉速为一常量，它不因沉淀历时的不同而变化。表现在沉淀过程线上，b-c 段是一斜率不变的直线段，故称为等速沉淀段。

（3）c-d 段，过渡阶段又称变浓区，此段为污泥由等浓区向压缩区的过渡段，其中既有悬浮物的干扰沉淀，也有悬浮物的挤压脱水作用，沉淀过程线上，c-d 段所表现出的弯曲，便是沉淀和压缩双重作用的结果，此时等浓区沉淀区消失，故 c 点又称成层沉淀临界点。

（4）d-e 段，压缩段。此区内颗粒间互相直接接触，机械支托，形成松散的网状结构，在压力作用下颗粒重新排列组合，它所夹带的水分也逐渐从网中脱出，这就是压缩过程，此过程也是等速沉淀过程，只是沉速相当小，沉淀极缓慢。

3.2.3.3　实验装置及器材

实验装置主要由沉淀柱和各配水系统组成，如图 3-12 所示。

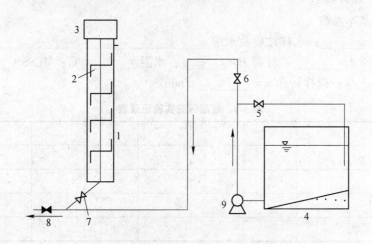

图 3-12　成层沉淀实验装置

1—沉淀柱；2—搅拌器；3—电动机；4—水箱；5—回水管阀门；

6，7—进水管阀门；8—放空阀门；9—进水泵

（1）沉淀柱：有机玻璃制（标有刻度），直径 $D = 200mm$，有效高度 $H = 2000mm$；

（2）搅拌器：由慢速电机带动，转速 $r = 2r/min$；

（3）水箱：硬质塑料制；

（4）秒表、量筒等。

3.2.3.4　实验步骤

本实验采用多次静沉试验法。

（1）从曝气池出口取出混合液，经过重力浓缩后用二次沉淀池出水配成 MLSS 约为 2.0g/L 的混合液，并取 200mL 混合液测定该混合液的浓度（每个样品 100mL）；

（2）关闭阀门 6、7、8，打开阀门 5；

（3）将配好的混合液倒入水箱 4，开启水泵 9，使混合液在水箱内循环而保持均匀；

（4）先开启阀门 6，然后开启阀门 7，旋小阀门 5，使混合液注入沉淀柱；

（5）关闭阀门 6、7，启动沉淀柱的搅拌器；

（6）出现泥水分界面时定期读出界面沉降距离。开始时 0.5~1min 读数 1 次，以后改为 1~2min 读数 1 次。沉淀后期，以 5min 为间隔，记录浑浊液面的沉淀位置，当界面高度与时间关系曲线由直线转为曲线时停止读数；

（7）打开阀门 8 将污泥排除，用自来水洗清沉淀柱；

（8）按 MLSS 约为 3.0g/L、4.0g/L、5.0g/L、6.0g/L、7.0g/L、8.0g/L、9.0g/L 配制混合液，并重复上述(2)~(7)步骤进行实验。

3.2.3.5　注意事项

（1）向沉淀柱进水时，速度要适中，既要较快进完水，以防进水过程柱内形成浑浊液面，又要防止速度过快造成柱内水体紊动，影响静沉实验结果；

（2）沉淀时间要尽可能长一些，最好在 1.5h 以上；

（3）实验完毕，将沉淀柱清洗干净方可离开。

3.2.3.6　数据记录

（1）实验基本参数。

实验日期_____；水样性质及来源_____；

沉淀柱直径 $d =$ _____；柱高 $H =$ _____；水温 = _____℃；MLSS = _____g/L；

SV _____%；搅拌转速 $n =$ _____r/min。

表 3-9　成层沉淀实验记录表

时间 t/min								
H_1/cm								
H_2/cm								
H_3/cm								
H_4/cm								

（2）实验记录见表 3-9 和表 3-10。

（3）以 t 为横坐标，H 为纵坐标作曲线图。

（4）以 $H \sim t$ 曲线的直线部分求界面流速 v_i、$G_i(G_g)$。

表 3-10　实验数据整理计算表

$C_i/\mathrm{mg \cdot L^{-1}}$				
$v_i = \Delta H/\Delta t$				
$G_i = v_i C_i$				

（5）以 C 为横坐标，G_i 为纵坐标，作重力固体通量曲线。

（6）绘出每一种初始浓度悬浮液的界面位置和时间的关系图。

（7）分析成层沉淀的数据。在等速沉降区，沉淀曲线的斜率即为成层沉淀速度。用分角线平分等速沉降区和压缩区切线所形成的交角。此分角线与沉淀曲线交于一点，此点即压缩区的始点。

思考题

（1）观察实验现象，阐述成层沉淀不同于前述两种沉淀的地方何在，原因是什么？

（2）简述成层沉淀实验的重要性及如何应用到二沉池的设计中？

（3）实验设备、实验条件对实验结果有何影响，为什么？如何才能得到正确的结果，并用于生产之中？

3.3　过滤与反冲洗实验

过滤是给水处理工程最重要的步骤之一，被广泛应用于去除混凝沉淀过程后残存的悬浮物。通过过滤实验，不仅可以了解滤料过滤的原理和主要技术参数，还可确定滤池反冲洗的过程控制参数。

3.3.1　实验目的

（1）了解各类滤池模型的组成与构造；

（2）观察过滤及反冲洗现象，进一步了解过滤及反冲洗原理；

（3）掌握滤池过滤和反冲洗的方法。

3.3.2　实验原理

（1）水过滤原理。水的过滤是根据地下水通过地层过滤形成清洁净水的原理而创造的处理浑浊水的方法。在处理过程中，过滤一般是指以石英砂等颗粒状滤料层截留水中悬浮杂质，从而使水达到澄清的工艺过程。过滤是水中悬浮颗粒与滤料颗粒间黏附作用的结果。黏附作用主要决定于滤料和水中颗粒的表面物理化学性质，当水中颗粒迁移到滤料表面上时，在范德华引力和静电引力以及某些化学键和特殊的化学吸附力作用下，它们被黏附到滤料颗粒的表面上。此外，某些絮凝颗粒的架桥作用也同时存在。经研究表明，过滤主要是悬浮颗粒与滤料颗粒经过迁移和黏附两个过程来完成去除水中杂质的过程。

在过滤过程中，随着过滤时间的增加，滤层中悬浮颗粒的量也会随着不断增加，这就必然会导致过滤过程水力条件的改变。当滤料粒径、形状、滤层级配和厚度及水位已定时，如果孔隙率减小，则在水头损失不变的情况下，将引起滤速减小。反之，在滤速保持不变时，将引起水头损失的增加。就整个滤料层而言，鉴于上层滤料截污量多，越往下层截污量越小，因而水头损失增值也由上而下逐渐减小。此外，影响过滤的因素还有很多，诸如水质、水温、滤速、滤料尺寸、滤料形状、滤料级配，以及悬浮物的表面性质、尺寸和强度等等。

（2）反冲洗。过滤时，随着滤层中杂质截留量的增加，当水头损失增至一定程度时，导致滤池产生水量锐减，或由于滤后水质不符合要求，滤池必须停止过滤，并进行反冲洗。反冲洗的目的是清除滤层中的污物，使滤池恢复过滤能力。滤池冲洗通常采用自下而上的水流进行反冲洗的方法。反冲洗时，滤料层膨胀起来，截留于滤层中的污物，在滤层孔隙中的水流剪力作用下，以及在滤料颗粒碰撞摩擦的作用下，从滤料表面脱落下来，然后被冲洗水流带出滤池。反冲洗效果主要取决于滤层孔隙水流剪力。该剪力既与冲洗流速有关，又与滤层膨胀有关。冲洗流速小，水流剪力小；冲洗流速大，使滤层膨胀度大，滤层孔隙中水流剪力又会降低，因此，冲洗流速应控制适当。高速水流反冲洗是最常用的一种形式，反冲洗效果通常由滤床膨胀率 e 来控制，即：

$$e = \frac{L - L_0}{L} \times 100\%$$

式中　L——砂层膨胀后的厚度，cm；

　　　L_0——砂层膨胀前的厚度，cm。

通过长期实验研究，e 为 25% 时反冲洗效果为最佳。

3.3.3　实验仪器及材料

（1）过滤装置一套，如图 3-13 所示。

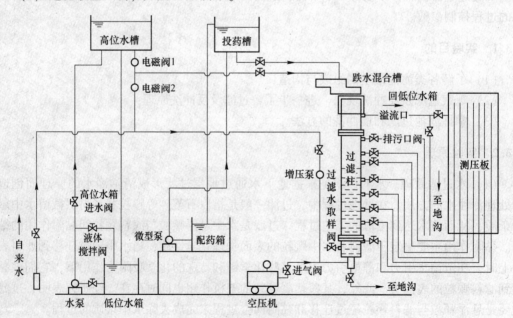

图 3-13　过滤装置及反冲洗流程

（2）光电式浊度仪 1 台。

（3）器具：

1）量筒（1000mL）1 个；

2）烧杯（200mL）5个；

3）移液管（1mL、2mL、5mL、10mL）各2支；

4）洗耳球（100mL）4个；

5）注射器（50mL）2个；

6）温度计1支；卷尺（2000mm）1个；秒表1块。

（4）试剂：

1）硫酸铝（质量分数/1%）；

2）聚合氯化铝（质量分数/1%）；

3）三氯化铁（质量分数/1%）；

4）聚丙烯酰胺（质量分数$w = 0.1\%$）。

3.3.4　实验步骤

在实验中，要控制滤料层上的工作水深保持基本不变。仔细观察绒粒进入滤料层深度及绒粒在滤料层中的分布情况。

（1）对照工艺图，了解实验装置及构造；

（2）测量并记录原始数据，填入表3-11中；

（3）配制原水，使其浑浊度大致在20°~40°度范围内，以最佳投药量将混凝剂投入原水箱中，经过搅拌，启泵进行过滤试验；

（4）列表记录每隔半小时测定或校对一次的运行参数，填入表3-12中；

（5）观察杂质绒粒进入滤层深度情况；

（6）不同实验小组采用不同滤速平行试验。一组：5m/h；二组：8m/h；三组：10m/h；四组：12m/h；五组：16m/h。

（7）反冲洗试验：

1）了解实验装置；

2）列表测量并记录各参数，填入表3-13中；

3）作膨胀度e：20%、40%、80%的反冲洗强度q的实验；

4）打开反冲洗水泵，调整膨胀度e，测出反冲洗强度值；

5）测量每个反冲洗强度时，应连续测3次，并取平均值计算。

表3-11　原始条件记录表

滤管编号	滤管直径/mm	滤管面积/m²	滤管高度/m	滤料名称	滤料厚度/m
1					
2					
3					
4					

表 3-12　过滤实验记录表

	工作时间		备注
原水浊度/NTU			
原水投药量/mg·L^{-1}			
流量/L·min^{-1}			
流速/m·min^{-1}			
水头损失/cm			
工作水深/cm			
绒粒穿透深度/cm			
滤后水浊度/NTU			

表 3-13　滤池反冲洗实验记录表

原始条件 滤管编号	滤管直径/mm	滤层面积/m^2	滤料名称	滤料粒径/mm	滤料厚度 h/m
			石英砂		
			无烟煤		

项　目 实验次数	Q/L·s^{-1}	h/cm	$\dfrac{\Delta h}{(h_1 - h)}$/cm	$e = \dfrac{\Delta h}{h} \times 100\%$	$q = \dfrac{Q}{F}$/L·s^{-1}·m^2	水温/℃	e平均	q平均
1								
2								
3								

3.3.5　注意事项

（1）反冲洗过滤时，不要使进水阀门开启度过大，应缓慢打开，以防滤料冲出柱外；

（2）在过滤实验前，滤层中应保持一定水位，不要把水放空，以免过滤实验时测压管中积有空气；

（3）反冲洗时，为了准确地量出砂层厚度，一定要在砂面稳定后再测量，并在每一个反冲洗流量下连续测量 3 次。

3.3.6　实验数据记录与整理

（1）根据过滤试验结果，归纳出 4 支滤管的水头损失、水质、绒粒分布随工作延续时间变化的情况，绘制出滤池工作水质曲线图（见图 3-14）。

（2）总结四支滤管不同流速与水头损失的变化规律，加深对滤速 u 与水头损失 h 之间关系的理解，并绘出变化曲线（见图 3-15）。

（3）根据反冲洗试验记录结果，绘制一定温度下的冲洗强度与膨胀率的关系曲线，并综合四组不同的

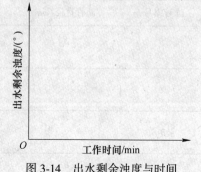

图 3-14　出水剩余浊度与时间的关系曲线

曲线进行分析比较（见图3-16）。

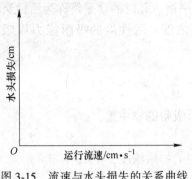

图 3-15 流速与水头损失的关系曲线

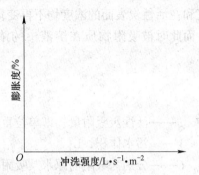

图 3-16 冲洗强度与膨胀度的关系曲线

3.4 活性炭吸附实验

3.4.1 实验目的

活性炭处理工艺是运用吸附的方法来去除异味、某些离子以及难进行生物降解的有机污染物。在吸附过程中，活性炭比表面积起着主要作用。同时，被吸附物质在溶剂中的溶解度也直接影响吸附的速度。此外，pH 值的高低、温度的变化和被吸附物质的分散程度也对吸附速度有一定影响。

本实验采用活性炭间歇和连续吸附的方法，通过本实验确定活性炭对水中所含某些杂质的吸附能力，希望达到下述目的：

（1）加深理解吸附的基本原理；

（2）掌握活性炭吸附公式中常数的确定方法；

（3）掌握吸附等温线的物理意义及其功能；

（4）掌握活性炭吸附实验的数据处理方法；

（5）了解不同活性炭的吸附性能及其选择方法。

3.4.2 实验原理

活性炭吸附是目前国内外应用较多的一种水处理方法。由于活性炭对水中大部分污染物都有较好的吸附作用，因此活性炭吸附应用于水处理时往往具有出水水质稳定，适用于多种污水的优点。活性炭吸附常用来处理某些工业污水，在有些特殊情况下也用于给水处理。例如，当给水水源中含有某些不易去除而且含量较少的污染物时；当某些偏远居住区尚无自来水厂需临时安装一小型自来水生产装置时，往往使用活性炭吸附装置。但由于活性炭的造价较高，再生过程较复杂，所以活性炭吸附的应用尚具有一定的局限性。

活性炭吸附就是利用活性炭的固体表面对水中一种或多种物质的吸附作用，以达到净化水质的目的。活性炭的吸附作用产生于两个方面：一是由于活性炭内部分子在各个方向都受着同等大小的力，而在表面的分子则受到不平衡的力，这就使其他分子吸附于其表面上，此为物理吸附；另一个是由于活性炭与被吸附物质之间的化学作用，此为化学吸附。活性炭的吸附是上述二种吸附综合作用的结果。当活性炭在溶液中的吸附速度和解吸速度相等时，即单位时间内活性炭吸附的数量等于解吸的数量时，此时被吸附物质在溶液中的浓度和在活性炭表面的浓度均不再变化，而达到了平衡。此时的动平衡称为活性炭吸附平衡。而此时被吸附物质在溶液中的浓度称为平衡浓度。活性炭的吸附能力以吸附量 q 表示。

$$q = \frac{V(C_0 - C)}{M} = \frac{X}{M} \tag{3-17}$$

式中　q——活性炭吸附量，即单位重量的吸附剂所吸附的物质重，g/g；

　　　V——污水体积，L；

　C_0，C——分别为吸附前原水及吸附平衡时污水中的物质浓度，g/L；

　　　X——被吸附物质重量，g；

　　　M——活性炭投加量，g。

　　在温度一定的条件下，活性炭的吸附量随被吸附物质平衡浓度的提高而提高，两者之间的变化曲线称为吸附等温线，通常用费兰德利希经验式加以表达：

$$q = K \cdot C^{\frac{1}{n}} \tag{3-18}$$

式中　q——活性炭吸附量，g/g；

　　　C——被吸附物质平衡浓度，g/L；

　K，n——是与溶液的温度、pH 值以及吸附剂和被吸附物质的性质有关的常数。

　　K、n 值求法如下：通过间歇式活性炭吸附实验测得 q、C 的相应之值，将式（3-18）取对数后变为下式：

$$\lg q = \lg k = \frac{1}{n}\lg C \tag{3-19}$$

　　将 q，C 相应值点绘在双对数坐标纸上，所在直线的斜率为 $\frac{1}{n}$，截距则为 k。如图（3-17）所示。

　　由于间歇式静态吸附法处理能力低、设备多，故在工程中多采用连续流活性炭吸附法，即活性炭动态吸附法。

　　采用连续流方式的活性炭层吸附性能，可用勃哈特（Bohart）和亚当斯（Adams）所提出的关系式来表达：

$$\ln\left[\frac{C_0}{c} - 1\right] = \ln\left[C \times P\left(\frac{KN_0D}{V} - 1\right)\right] - KC_0t \tag{3-20}$$

$$t = \frac{N_0}{C_0V}D - \frac{1}{C_0K}\ln\left(\frac{C_0}{C_B} - 1\right) \tag{3-21}$$

式中　t——工作时间，h；

　　　V——流速，m/h；

　　　D——活性炭层厚度，m；

　　　K——速度常数，L/mg · h^{-1}；

　　　N_0——吸附容量、即达到饱和时被吸附物质的吸附量，mg/L；

　　　C_0——进水中被吸附物质浓度，mg/L；

C_B——允许出水溶质浓度，mg/L。

当工作时间 $t=0$ 时，能使出水浓度小于 C_B 的炭层理论深度称为活性炭层的临界深度，其值由上式 $t=0$ 推出：

$$D_0 = \frac{V}{KN_0}\ln\left(\frac{C_0}{C_B} - 1\right) \qquad (3-22)$$

炭柱的吸附容量（N）和速度常数（K），可通过连续流活性炭吸附实验并利用式（3-21）$t \sim D$ 线形关系回归或作图法求出。

3.4.3 设备及用具

（1）间歇式活性炭吸附实验装置，如图 3-17 所示。
（2）连续流活性炭吸附实验装置，如图 3-18 所示。

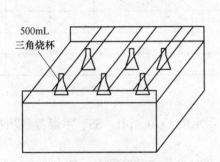

图 3-17 间歇式活性炭吸附实验装置

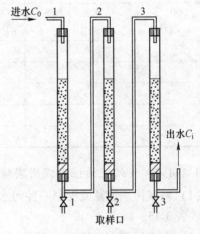

图 3-18 连续式活性炭吸附实验装置

（3）间歇与连续流实验所需设备及用具：
1）振荡器一台；
2）500mL 三角瓶 6 个；
3）烘箱；
4）COD、SS 等测定分析装置、玻璃器皿、滤纸等；
5）有机玻璃炭柱，$d=20\sim30$mm，$H=1.0$m；
6）活性炭；
7）配水及投配系统。

3.4.4 步骤及记录

3.4.4.1 间歇式活性炭吸附实验

（1）将某污水用滤布过滤，去除水中悬浮物，或自配污水，测定该污水的 COD、pH、SS 等值。

（2）将活性炭放在蒸馏水中浸 24h，然后放在 105℃烘箱内烘至恒重，再将烘干后的活性炭压碎，使其成为能通过 200 目以下筛孔的粉状炭。因为粒状活性炭要达到吸附平衡耗时太长，往往需数日或数周，为了使实验能在短时间内结束，所以多用粉状炭。

（3）在六个 500mL 的三角烧瓶中，分别投加 0.00mg、100mg、200mg、300mg、400mg、500mg 粉状活性炭。

（4）在每个三角瓶中投加同体积的过滤后的污水，使每个三角瓶中的 COD 浓度与活性炭浓度的比值在 0.05~5.0 之间（没有投加活性炭的三角瓶除外）。

（5）测定水温，将三角瓶放在振荡器上振荡，当达到吸附平衡（时间延至滤出液的有机物浓度 COD 值不再改变）时即可停止振荡（振荡时间一般为 30min 以上）。

（6）过滤各三角瓶中的污水，测定其剩余 COD 值，求出吸附量 x。

实验记录如表 3-14 所示。

表 3-14 活性发间歇吸附实验记录

序号	原污水				出水			污水体积/mL	活性炭投加量/mg	COD去除率/%	备注
	COD/mg·L⁻¹	pH 值	水温/℃	SS/mg·L⁻¹	COD/mg·L⁻¹	pH	SS/mg·L⁻¹				

3.4.4.2 连续流活性炭吸附实验

（1）将某污水过滤或配制一种污水，测定该污水的 COD、pH、SS、水温等各项指标并记入表 3-15。

（2）在内径为 20~30mm，高为 1000mm 的有机玻璃管或玻璃管中，装入 500~750mm 高的经水洗烘干后的活性炭。

表 3-15 连续流炭柱吸附实验记录

原水 COD 浓度/mg·L⁻¹ =   允许出水浓度 C_B/mg·L⁻¹ =

水温 T/℃ =   pH =   SS =   （mg/L）

进流率 q/(m³·m⁻²·h⁻¹) =   滤速 V/m·h⁻¹ =

炭柱厚 D_1 = D_2 = D_3 =

工作时间	出水水质		
t/h	柱 1	柱 2	柱 3

（3）以每分钟 40~200mL 的流量（具体可参考水质条件而定），按升流或降流的方式运行（运行时炭层中不应有空气气泡）。本实验装置为降流式。实验至少要用三种以上的不同流速 V 进行。

（4）在每一流速运行稳定后，每隔 10~30min 由各炭柱取样，测定出水 COD 值，至出水中 COD 浓度达到进水中 COD 浓度的 0.9~0.95 为止。并将结果记于表 3-15 中。

3.4.5　成果整理

3.4.5.1　间歇式活性炭吸附实验

（1）按表 3-14 记录的原始数据进行计算。

（2）按式（3-14）计算吸附量 q。

（3）利用 $q~c$ 相应数据和式（3-15），经回归分析求出 K、n 值或利用作图法，将 C 和相应的 q 值在双对数坐标纸上绘制出吸附等温线（见图 3-19），直线斜率为 $\frac{1}{n}$、截距为 K。$\frac{1}{n}$ 值越小活性炭吸附性能越好，一般认为当 $\frac{1}{n}$ = 0.1~0.5 时，水中要去除杂质易被吸附；$\frac{1}{n}$ > 2 时难于吸附。当 $\frac{1}{n}$ 较小时多采用间歇式活性炭吸附操作；当 $\frac{1}{n}$ 较大时，最好采用连续式活性炭吸附操作。

3.4.5.2　连续流活性炭吸附实验

求各流速下 K、N_0 值：

1）将实验数据记入表 3-15，并根据 $t~C$ 关系，确定当出水溶质浓度等于 C_B 时，各柱的工作时间 t_1、t_2、t_3。

2）根据式（3-21）以时间 t_i 为纵坐标，以炭层厚 D_i 为横坐标，点绘 t、D 值，直线截距为：

$$\frac{\ln\left(\dfrac{C_0}{C_B} - 1\right)}{K \cdot C_0}$$

斜率为 $N_0/C_0 \cdot V$。如图 3-20 示。

3）将已知 C_0、C_B、V 等值代入，求出流速常数 K 和吸附常量 N_0 值。

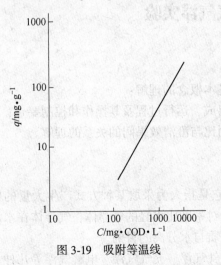

图 3-19　吸附等温线

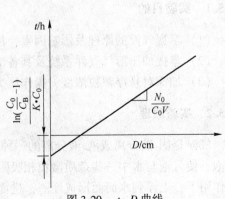

图 3-20　$t~D$ 曲线

4）根据式（3-22）求出每一流速下炭层临界深度值 D_0 值。

5）按表（3-16）给出各滤速下炭吸附设计参数 K、D_0、N_0 值，或绘制成如图 3-21 所示的图，以供活性炭吸附设备设计时参考。

表 3-16　活性炭吸附实验结果

流速 $V/m \cdot h^{-1}$	$N_0/mg \cdot L^{-1}$	$K/L \cdot mg \cdot h^{-1}$	D_0/m

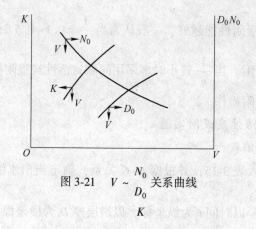

图 3-21　$V \sim \dfrac{N_0}{D_0}$ 关系曲线
K

思考题

（1）吸附等温线有什么现实意义，作吸附等温线时为什么要用粉状炭？

（2）连续流的升流式和降流式运动方式各有什么缺点？

3.5　压力溶气气浮实验

3.5.1　实验目的

（1）掌握气浮的原理及影响因素，加深对基本概念的理解；

（2）掌握加压溶气气浮系统及其各部分的组成、运行过程及其操作和控制要点；

（3）加深对悬浮颗粒浓度、操作压力、气固比与澄清效果间的关系的理解。

3.5.2　实验原理

气浮是固-液分离或液-液分离的一种技术。它是指人为采取某种方式产生大量的微小气泡，使气泡与水中一些杂质微粒相吸附形成相对密度比水轻的气浮体，气浮体在水浮力的作用下，上浮到水面而形成浮渣，进而达到杂质与水分离的目的。

气浮法按水中气泡产生的方式可分为压力溶气气浮、充气气浮、电解气浮等几种。由于充气气浮一般气泡直径较大，气浮效果较差，而电解气浮气泡直径虽不大但耗电较多，因此在目前应用气浮法的工程中，以加压溶气气浮法最多。

加压溶气气浮法指的是，使空气在一定压力的作用下溶解于水，并达到饱和状态，然后使加压水表面压力突然减到常压，此时溶解于水中的空气便以微小气泡的形式从水中逸出来，这样就产生了供气浮所需的微小气泡。

加压溶气气浮与其他气浮方法相比具有如下特点：

（1）水中空气溶解度大，能提供足够的微气泡，可满足不同要求的固-液分离，确保去除效果；

（2）减压释放后所产生的气泡粒径小且均匀，在气浮池中上升速度较慢，对气浮池扰动较小；

（3）设备和流程比较简单，维护管理方便。

加压溶气气浮法根据进入溶气罐的水的来源，又分为无回流系统与有回流系统加压溶气气浮法，目前生产中广泛采用后者。回流式加压溶气气浮系统的流程如图3-22所示。

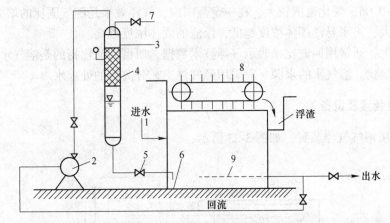

图 3-22　回流式加压溶气气浮流程示意图

1—进水管；2—加压泵；3—压力溶气罐；4—填料层；5—减压释放阀；6—浮上分液池；
7—压力溶气释放阀；8—刮渣机；9—集水系统

采用气浮工艺进行固、液分离时，用水泵将清水抽送到压力为2~4个大气压的溶气罐中，同时注入加压空气。空气在罐内溶解于加压的清水中，形成溶气水。溶气水通过溶气释放器（减压阀）进入气浮池，此时由于压力突然降低，溶解于水中的空气便以微气泡形式从水中释放出来。微细的气泡在上升的过程中附着于悬浮颗粒上，使颗粒密度减小，上浮到气浮池表面与液体分离。

由斯托克斯公式 $V = \dfrac{g}{18\mu}(\rho_水 - \rho_颗) \cdot d^2$ 可知，黏附于悬浮颗粒上气泡越多，颗粒与水的密度差 $(\rho_水 - \rho_颗)$ 就越大，悬浮颗粒的直径也越大，两者都使悬浮颗粒上浮速度增快，提高固、液分离效果。水中悬浮颗粒浓度越高，气浮时需要的微细气泡数量越多，通常以气固比表示单位质量悬浮颗粒需要的空气量。气固比可按下式计算：

$$A_a/S = \frac{1.2S_a(fP-1)Q_r}{QS_0} = R\frac{1.2S_a(fP-1)}{S_0} \qquad (3\text{-}23)$$

式中　S_0——进水悬浮物浓度，mg/L；

　　　Q_r——加压水回流量，L/d；

　　　Q——进水流量，L/d；

　　　R——回流比，%；

　　　P——溶气罐内压力，MPa；

　　　f——比值因素。在溶气罐内压力为 0.2~0.4MPa，温度为 20℃时，$f \approx 0.5$；

　　　S_a——某一温度时水中空气的溶解量，以 cm^3/L 计，可查表 3-17 得到。

表 3-17　某一温度时的空气溶解度

温度/℃	0	10	20	30
$S_a/cm^3 \cdot L^{-1}$	29.2	22.8	18.7	15.7

　　气、固比与操作压力、悬浮固体的浓度、性质有关。对活性污泥法进行气浮时，气固比为 0.005~0.06，变化范围较大。在一定范围内，气浮效果是随气固比的增大而增大的。即气固比越大，出水悬浮固体浓度越低，浮渣的固体浓度越高。

　　在工程上，通常用回流比来表示气浮技术数据，所谓回流比指的是溶气水的流量与处理污水的流量比。溶气水的水源一般采用经气浮工艺分离后的处理水。

3.5.3　实验装置及设备

　　（1）加压溶气气浮装置，如图 3-23 所示；

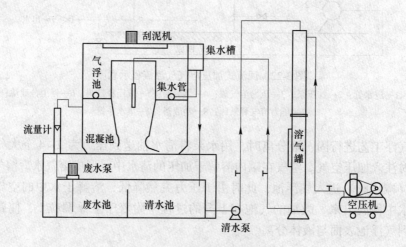

图 3-23　气浮实验装置图

　　（2）空压机、水泵；

　　（3）转子流量计；

　　（4）混凝剂 $Al_2(SO_4)_3$；

　　（5）浊度仪；

　　（6）酸度计。

3.5.4 实验步骤

（1）首先检查气浮实验装置是否完好；

（2）向加压水箱与气浮池中注入清水至有效水深约90%；

（3）将待处理废水样加入到废水水箱中，并测定原水中SS、浊度、pH值和COD浓度。根据水箱中的水量向废水箱中加入混凝剂 $[Al_2(SO_4)_3]$ 破乳，投量可按50~60mg/L来控制；

（4）打开空压机，向溶气罐内压缩空气约至0.3MPa（或压缩大约5%空气量）；

（5）打开水泵，向溶气罐内送入压力水，在0.3~0.4MPa压力下，将气体溶于水中形成溶气水，此时，进水流量可控制在2~4L/min，进气流量可以为0.1~0.2L/min；

（6）待溶气罐中液位升至溶气罐中上部时，缓慢打开溶气罐底部出水阀，出水量与溶气罐压力水进水量相对应；

（7）经加压溶气的水在气浮池中释放并形成大量微小气泡时，再打开废水进水阀门，废水进水量可按4~6L/min控制；

（8）浮渣由排渣管排至下水道，处理水可排至下水道也可部分回流至回流水箱；

（9）测出水COD、SS、浊度和pH值，将数据记录于表3-18中。

3.5.5 数据记录与处理

（1）基本参数。

原污水流量_____ L/h；回流水流量_____ L/h；回流比_____；

气体流量_____ L/h；溶气罐工作压力_____ Pa；

混凝剂流量_____ L/h；混凝剂投加量_____ mg/L。

（2）实验数据记录。

表 3-18　加压溶气气浮实验数据

项目	原水	出水	去除率/%
COD/mg · L^{-1}			
SS/mg · L^{-1}			
pH			
浊度/NTU			

（3）计算气浮池反应段和分离段各自的容积、水力停留时间及表面负荷。

（4）评价实验结果。

思考题

（1）简述气浮法的含义及原理。

（2）何为起泡剂？它有什么作用？什么时候需要向水中投加起泡剂？

（3）加压溶气气浮法有何特点？

（4）简述加压溶气气浮装置的组成及各部分作用。

3.6　酸性废水中和过滤吹脱实验

3.6.1　实验目的

在冶金、钢铁、电镀、化工、机械制造等工业生产中都会排出酸性工业废水。酸性废水中常见的酸性物质有硫酸、硝酸、盐酸、氢氟酸、磷酸等无机酸，以及醋酸、甲酸、柠檬酸等有机酸。工业废水中所含酸的量往往相差很大，因而有不同的处理方法。对于工业废水中含酸量高达3%~5%的废水，应首先考虑其回收，回收采用的主要方法有真空浓缩结晶法、薄膜蒸发法、加铁屑生产硫酸亚铁法（对含硫酸工业废水）等。对于酸含量小于3%的低浓度酸性废水，回收利用价值不大，在排放水体或进行生物处理或化学处理之前，必须进行中和处理使废水pH值为6.5~8.5。

目前常用的酸性废水处理方法有酸碱废水中和、药剂中和及过滤中和三种。过滤中和法具有设备简单、造价便宜、不需投加药剂、耐冲击负荷等优点，故在生产中应用很多。由于过滤中和时，废水在滤池中的停留时间、滤率与废水中酸的种类、浓度等有关，通常需要通过实验来确定滤率、滤料消耗量等参数，以便为工艺设计和运行管理提供依据。

本实验的目的是：

（1）了解滤率与酸性废水浓度、出水pH之间的关系；

（2）掌握酸性废水过滤中和处理的原理与工艺；

（3）测定不同形式的吹脱设备（鼓风曝气塔、筛板塔）去除水中游离CO_2的效果。

3.6.2　实验原理

酸性废水流过碱性滤料时与滤料进行中和反应的方法称为过滤中和法。过滤中和法与投药中和法相比，具有操作方便、运行费用低、产生沉渣少（是废水量的0.5%）及出水pH值稳定等优点，适用于处理含硫酸浓度不大于2~5g/L的酸性废水。当废水中酸浓度较高或者含有大量悬浮物、油脂、重金属盐和其他毒物时，则不宜采用过滤中和法。

工厂排放的酸性废水按酸性强弱可分为三类：

（1）含有强酸（如HCl，HNO_3）。其钙盐易溶于水；

（2）含有强酸（如H_2SO_4）。其钙盐难溶于水；

（3）含有弱酸（如H_2CO_3，CH_3COOH）。

对不同酸性废水可选用不同的滤料，目前常用的滤料有石灰石、白云石、大理石等。其中石灰石和大理石的主要成分是$CaCO_3$，而白云石的主要成分是$CaCO_3 \cdot MgCO_3$。石灰石的来源较广，价格便宜，因而是最常用的碱性滤料。

中和第一类酸性废水，采用三种滤料均可，反应后生成易溶于水的盐类而不沉淀。以石灰石与HCl的反应为例：

$$2HCl + CaCO_3 \longrightarrow CaCl_2 + H_2O + CO_2 \uparrow$$

但废水中酸的浓度不能过高，否则滤料消耗快，给处理造成一定的困难，其极限浓度为20g/L。

中和第二类酸性废水时，如采用石灰石滤料，因其反应后生成的钙盐难溶于水，会附着于滤料表面，阻碍滤料与酸的接触，减慢中和反应速度，因此极限浓度应根据实验确定，若无实验资料，可采用3g/L。一般采用白云石作滤料，因白云石与H_2SO_4作用后产生易溶于水的$MgSO_4$，其反应式如下：

$$2H_2SO_4 + CaCO_3 \cdot MgCO_3 \longrightarrow CaSO_4 \downarrow + MgSO_4 + 2H_2O + 2CO_2 \uparrow$$

产生的沉淀仅为石灰石的一半，因而废水中H_2SO_4浓度可采用5g/L，但白云石反应速率较石灰石慢，这也影响了其应用。

中和第三类酸性废水时，因弱酸与碳酸盐反应速率很慢，滤速应适当减小。

在工程实际中，中和滤池主要有三种类型：普通中和滤池、等速升流式膨胀中和滤池和变速升流式膨胀中和滤池。普通中和滤池滤料粒径大（30~80mm），滤速慢（小于5m/h），故体积庞大，处理效果较差。等速升流式膨胀中和滤池滤料颗粒小（0.5~3mm），滤速快（50~70m/h），水流由下向上流动，使滤料相互碰撞摩擦，表面不断更新，故处理效果好，沉渣量也少。变速升流式膨胀中和滤池是一种倒锥形变速中和塔，滤料粒径为0.5~6mm，下部的大滤料在大滤速条件下工作，上部小滤料在小滤速条件下工作，从而使滤料层不同粒径的颗粒都能均匀地膨胀，因而大颗粒不结垢或少结垢，小颗粒不至于流失。变速升流式膨胀池的中和效果优于前两种滤池，但建造费用也较高。采用等速升流式膨胀中和滤池，由于滤速大，滤料可以悬浮起来，通过相互碰撞，使表面形成的硬壳容易剥落下来，因此进水中硫酸的允许浓度可以提高至2.2~2.5g/L。

采用碳酸盐做中和滤料，均会产生CO_2气体，它能附着在滤料表面，形成气体薄膜，阻碍反应的进行。酸的浓度越大，产生的气体就越多，阻碍作用也就越严重。当酸性废水浓度较高或滤率较大时，过滤中和后出流中含有大量的CO_2，使出水pH偏低（pH约为5），此时，可采用吹脱法去除CO_2，以提高pH值（pH可上升约6）。

为了进行有效的过滤，还必须限制进水中悬浮物杂质的浓度，以防堵塞滤料。滤料的粒径也不宜过大。另外，失效的滤渣应及时清除，并随时向滤池补加滤料，直至倒床换料。

3.6.3 实验装置与设备

（1）配水箱2个；

（2）耐腐蚀塑料泵1台；

（3）转子流量计2个；

（4）气体流量计1个；

（5）鼓风机1台；

（6）中和滤柱：有机玻璃柱、内径100mm、高1.5m、内装滤料；

（7）吹脱柱：有机玻璃柱、内径100mm、高1.5m、不填充填料、鼓风吹脱柱；

（8）pH计及滴定用玻璃器皿等。

酸性废水中和过滤吹脱实验系统如图3-24所示。

3.6.4 实验步骤

（1）过滤中和：

1）将颗粒直径为0.5~3mm的石灰石装入中和柱，装料高度约为0.8m；

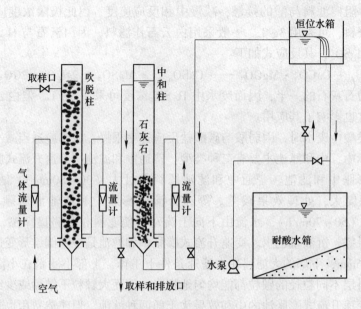

图 3-24　酸性废水中和过滤吹脱实验系统

2）在配水槽中用工业硫酸或盐酸配制成一定浓度的酸性废水（各组配制的浓度应不同，范围在 0.1%～0.4% 之间，或者 pH 值为 2～3），并取 200mL 水样测定 pH 和酸度；

3）启动水泵，将酸性废水提升到高位水箱；

4）调节流量，同时在出流管出口处用体积法测定流量，每组完成 4 个滤速的实验，建议率速采用 40m/h、60m/h、80m/h、100 m/h，观察中和过程出现的现象；

5）待稳定流动 5～10min 后，用 250mL 具塞玻璃取样瓶取出水样，测定每种滤速出水的 pH 值、酸度、游离 CO_2。

（2）吹脱实验：

1）取滤速为 100m/h（pH 约为 5）中和后的水引入到吹脱柱，用阀门调节风量，进行曝气 2～5min，观察吹脱过程出现的现象；

2）用 250mL 具塞玻璃取样瓶取吹脱 CO_2 后水样，测定 pH、酸度和游离 CO_2。

3.6.5　注意事项

取中和吹脱后出水水样时，应用瓶子取满水样，不留空隙，以免 CO_2 释出，影响测定结果。

3.6.6　数据记录与处理

（1）基本参数。

中和柱直径 $d =$ _____ cm；面积 $A =$ _____ cm^2；滤料高度 $h =$ _____ m；

滤料体积 $V =$ _____ cm^3；酸性废水浓度 $C_0 =$ _____ mmol/L；pH = _____。

（2）过滤中和实验数据记录。

表 3-19 过滤中和实验数据记录表

测定量	时间 t/s 或 min				
	体积 V/L				
	流量 $Q/L \cdot h^{-1}$				
滤速 $v = \dfrac{Q}{A} /m \cdot h^{-1}$					
出水 pH 值					
出水酸度 $C_i/mmol \cdot L^{-1}$					
中和效率 $(C_0 - C_i)/C_0 /\%$					
滤床膨胀高度/m					

（3）吹脱实验数据记录。

表 3-20 吹脱实验数据记录

水样	酸度/mmol · L⁻¹	pH 值	游离 CO₂/mg · L⁻¹
中和后出水			
吹脱后出水			
吹脱效率/%			

（4）综合实验结果，以滤速为横坐标，出水 pH 值、酸度、游离 CO_2 为纵坐标作图，确定合适的操作滤速。

思考题

（1）根据实验结果，说明过滤中和法的处理效果与哪些因素有关？
（2）拟定一个确定处理单位流量某浓度酸性废水所需要的滤料数量的实验方案。

3.7 活性污泥性质的测定实验

3.7.1 实验目的

（1）加深对活性污泥性能指标的理解；
（2）掌握 SV、SVI、MLSS、MLVSS 性能指标的测定和计算方法。

3.7.2 实验原理

活性污泥是人工培养的生物絮凝体，由大量好氧微生物及其吸附的有机物和无机物组成，比表面积大，具有吸附和氧化分解废水中有机物的能力，显示出生物化学活性。在生物处理废水的设备运行管理中，活性污泥的性能决定着净化结果的好坏。在吸附阶段要求污泥颗粒松散，表面积大，易于吸附有机物，在泥水分离阶段，则希望污泥有好的凝聚与沉降性能。反映活性污泥性能的指标有混合液悬浮固体浓度（MLSS）、混合液挥发性悬浮固体浓度（MLVSS）、污泥沉降比（SV）、污泥体积指数（SVI）等。

（1）混合液悬浮固体浓度（Mixed Liquor Suspended Solids），简写为 MLSS。又称混合液污泥浓度，它表示的是在曝气池单位容积混合液内所含有的活性污泥固体物的总质量。包括活性污泥组成的各种物质，即：

$$MLSS = Ma + Me + Mi + Mii \qquad 单位为 mg/L 或 g/L。$$

MLSS 可以间接反映曝气池混合液中所含微生物的量。一般活性污泥法中，MLSS 浓度一般为 2~6g/L，多为 3~4g/L。

（2）混合液挥发性悬浮固体浓度（Mixed Liquor Volatile Suspended Solids），简写为 MLVSS。表示混合液悬浮固体中有机物的量，即：

$$MLVSS = Ma + Me + Mi \qquad 单位为 mg/L 或 g/L。$$

用它表示活性污泥微生物量（相对量，因包含了 Me、Mi 等惰性有机物）比用 MLSS 更为切合实际。对一定的废水而言，在一定条件下，$f = MLVSS/MLSS$ 比较固定，例如生活污水的比值一般约 0.75。

MLSS 及 MLVSS 两项指标，虽然在表示混合液生物量方面，仍然不够精确，但由于测定方法简单易行，且能够在一定程度上表示相对生物量，因此，广泛地应用于活性污泥法系统的设计与运行中。

（3）污泥沉降比（Settling Velocity），简写为 SV。污泥沉降比又称 30min 沉降率。指将曝气池中的混合液在量筒中静置 30min，其沉淀污泥与原混合液的体积比，一般以% 表示：

$$SV = \frac{30min 后形成沉淀污泥容积}{原混合液体积} \times 100\%$$

正常污泥在静置 30min 后，一般可达到它的最大密度，所以沉降比可以反映曝气池正常运行的污泥数量，可以用于控制剩余污泥的排放，还反映出污泥膨胀等异常情况。由于 SV 测定简单，便于说明问题，所以是评定活性污泥特性的重要指标之一。

一般城市污水的 SV 值约在 15%~30%，污泥沉降比超过正常范围，则要分析原因。若是污泥浓度过大，则要排除部分污泥；若是污泥凝聚沉降性差，则要结合污泥指数情况，查明原因，采取措施。

（4）污泥体积指数（Sludge Volume Index），简写为 SVI。曝气池出口处的混合液，经过 30min 静沉后，1g 干污泥所形成的污泥体积，称为污泥体积指数（SVI），单位为 mL/g。其值计算式为：

$$SVI = \frac{1L 混合液 30min 静沉形成的活性污泥容积(mL)}{1L 混合液中悬浮固体干重(g)} = \frac{SV \times 10}{MLSS}$$

在活性污泥法污水处理厂中，SVI 值能较好地反映出活性污泥的松散程度（活性）和凝聚、沉降性能。其值过高，说明其沉降性能不好，将要或已经发生膨胀现象（sludge bulking）；其值过低，说明泥粒小，密实，无机成分多。一般认为：

SVI<100，污泥的沉降性能好，吸附性能差，泥水分离好；

100<SVI<200，污泥的沉降性能一般，吸附性能一般，泥水分离一般；

SVI>200，污泥的沉降性能不好，吸附性能好，泥水分离差，发生污泥膨胀。

正常情况下，城市污水 SVI 值在 50~150mL/g 之间。SVI 大小与水质有关。当工业废水中溶解性有机物含量高时，正常的 SVI 值偏高，而当无机物含量高时，正常的 SVI 值可能偏低。影响 SVI 值的因素还有温度，污泥负荷等。

从微生物组成方面看，活性污泥中固着型纤毛类原生动物（如钟虫、盖纤虫等）和菌胶团占优势时，吸附氧化能力较强，出水有机物浓度较低，污泥比较容易凝聚。

3.7.3 实验设备及材料

（1）真空抽滤装置 1 套；
（2）电子分析天平 1 台；
（3）烘箱 1 台；
（4）马福炉 1 台；
（5）100mL 量筒 4 只；
（6）瓷坩埚 4 个；
（7）定量滤纸数张；
（8）500mL 烧杯 2 个；
（9）干燥器 1 台。

3.7.4 实验步骤

图 3-25　污泥沉降示意图

（1）污泥沉降比 SV（%）。取曝气池混合液置于 100mL 量筒中（V），静止沉淀 30min，可以观察到如图 3-25 所示的沉淀过程，记录沉淀污泥的体积 $V_2(\text{mL})$。

（2）污泥浓度 MLSS：

1）将滤纸放在 103～105℃ 的烘箱中烘至恒重，取出滤纸，放入干燥器中冷却，在电子天平上称质量，记下称量编号和质量 $W_1(\text{g})$；

2）将该滤纸放置于布氏漏斗中；

3）取 100mL 曝气池混合液慢慢倒入漏斗过滤（用水冲洗量筒倒入漏斗）；

4）将过滤后的污泥连同滤纸放入 105℃ 的烘箱中烘干至恒重，取出滤纸，放入干燥器中冷却，在电子天平上称质量，记下称量瓶编号和质量 $W_2(\text{g})$；

5）计算 MLSS：

$$MLSS = \frac{[（滤纸质量 + 污泥干重）- 滤纸质量]}{混合液体积} \quad (\text{g/L})$$

（3）污泥灰分和挥发性污泥浓度 MLVSS。挥发性污泥就是挥发性悬浮固体，包括微生物和有机物，干污泥经 600℃ 灼烧后剩下的灰分称为污泥灰分。

1）将已经烘干至恒重的瓷坩埚称量并记录质量 W_3，再将测定过污泥干质量的滤纸和干污泥一并放入瓷坩埚中，先在普通电炉上加热碳化，然后放入马福炉中，在 600℃ 温度下灼烧 40min，取出放入干燥器中冷却 30min，称量并记录质量 W_4。

2）计算：

$$污泥灰分 = \frac{灰分质量}{干污泥质量} \times 100\%$$

$$MLVSS = \frac{干污泥质量 - 灰分质量}{100} \times 1000 \quad (g/L)$$

（4）污泥指数 SVI。其计算式为：

$$SVI = \frac{SV(mL/L)}{MLSS(g/L)} = \frac{SV(\%) \times 10(mL/L)}{MLSS(g/L)}$$

3.7.5　实验数据记录与整理

（1）实验数据记录，如表 3-21 所示。

表 3-21　活性污泥性能指标测定表

编号	SV/ %	滤纸质量 W_1/g	滤纸质量+污泥干重 W_2/g	瓷坩埚质量 W_3/g	瓷坩埚质量+灰分质量 W_4/g
1					
2					
平均					

（2）污泥沉降比计算：

$$SV = \frac{V_2}{V_1} \times 100\%$$

（3）混合液悬浮固体浓度计算：

$$MLSS = \frac{W_2 - W_1}{V_1} \times 10 \quad (g/L)$$

（4）混合液挥发性悬浮固体浓度计算：

$$MLVSS = \frac{(W_2 - W_1) - (W_4 - W_3)}{V_1} \times 10 \quad (g/L)$$

（5）污泥体积指数计算：

$$SVI = \frac{SV(\%) \times 10(mL/L)}{MLSS(g/L)}$$

思考题

（1）测定污泥沉降比时，为什么要规定静止沉淀 30min？

（2）污泥体积指数 SVI 的倒数表示什么？为什么可以这么说？

（3）当曝气池中 MLSS 一定时，如发现 SVI 大于 200，应采用什么措施？为什么？

（4）对于城市污水来说，SVI 大于 200 或小于 50 各说明什么问题？

（5）污泥沉降比和污泥指数二者有什么区别和联系？

3.8　曝气设备清水充氧性能的测定

3.8.1　实验目的

（1）加深对曝气充氧机理及影响因素的理解；

（2）学会图解法求曝气设备氧的总转移系数 K_{La} 值的方法；

（3）掌握曝气设备充氧性能的测定及计算方法。

3.8.2 实验原理

曝气就是人为的通过一些设备，加速空气中的氧向水中转移的一种过程，常用的曝气设备分为机械曝气和鼓风曝气两大类。

在曝气充氧过程中，氧传递的机理可以用双膜理论来解释，该理论认为：

（1）气、液两相接触的自由界面附近，分别存在着做层流流动的气膜和液膜。在其外则分别为气相主体和液相主体两个主体均处于紊流状态，紊流程度越高，对应的层流膜的厚度就越薄。

（2）在两膜以外的气、液相主体中，由于流体的充分湍动（紊流），组分物质的浓度基本上是均匀分布的，不存在浓度差。也就是没有任何传质阻力（或扩散阻力）。气体从气相主体传递到液相主体，所有的传质阻力仅存在于气、液两层层流膜中。

（3）在气膜中存在着氧的分压梯度，在液膜中存在着氧的浓度梯度，它们是氧转移的推动力。在气、液两相界面上，两相的组分物质浓度总是互相平衡，即界面上不存在传质阻力。

（4）氧是一种难溶气体，溶解度很小，故传质的阻力主要集中在液膜上，因此，氧分子通过液膜的传质速率是氧转移过程的控制速率。双膜理论的简化模型如图3-26所示。

在氧向水中传递的过程中，阻力主要来自液膜。根据 Fick 扩散定律和双膜理论，可以得出氧转移方程式：

$$\frac{\mathrm{d}C}{\mathrm{d}t} = K_{L} \frac{A}{V}(C_s - C) \qquad (3\text{-}24)$$

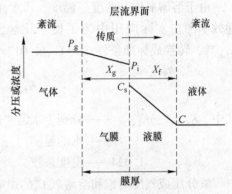

图 3-26   双膜理论模型简图

式中 $\dfrac{\mathrm{d}C}{\mathrm{d}t}$ ——液相主体溶解氧浓度变化速率

（或氧转移速率），$kgO_2/(m^3 \cdot h)$；

K_{L}——液膜中氧分子传质系数，m/h；$K_{L} = D_{L}/X_{f}$，D_{L} 为氧分子在液膜中的扩散系数（m^2/h），X_{f} 为液膜厚度（m）；

A——气、液两相接触界面面积，m^2；

V——液相主体的容积，m^3；

C_s——液膜处饱和溶解氧浓度，mg/L；

C——液相主体中溶解氧浓度，mg/L。

由于液膜厚度及气液界面面积难于计量，一般以氧的总转移系数（K_{La}）代替 $K_{L}\dfrac{A}{V}$，则式（3-24）可改写为：

$$\frac{\mathrm{d}C}{\mathrm{d}t} = K_{La}(C_s - C) \qquad (3\text{-}25)$$

式中　K_{La}——氧的总转移系数，h^{-1}，$K_{La} = K_L \dfrac{A}{V} = \dfrac{D_L \cdot A}{X_f \cdot V}$，此值表示在曝气过程中氧的总

传递性，当传递过程中阻力大，则 K_{La} 值低，反之则 K_{La} 值高。

3.8.2.1　氧总转移系数 K_{La}

氧的总转移系数（K_{La}）是计算氧转移速率的基本参数，一般是通过试验求得。

对式（3-25）积分后得：

$$\lg\left(\frac{C_s - C_0}{C_s - C_t}\right) = \frac{K_{La}}{2.3} \cdot t \tag{3-26}$$

式中　C_0——当 $t = 0$ 时，液体主体中的溶解氧浓度，mg/L；

C_t——当 $t = t$ 时，液体主体中的溶解浓度，mg/L；

C_s——在实际水温、当地气压下溶解氧在液相主体中饱和浓度，mg/L。

由式（3-26）可见，以 $\lg\left(\dfrac{C_s - C_0}{C_s - C_t}\right)$ 为纵坐标，t 为横坐标，绘制直线，通过图解法

求得直线斜率为 $\dfrac{K_{La}}{2.3}$，从而可以确定 K_{La}。

由于溶解氧饱和浓度、温度、污水性质、氧分压、水的紊流程度等因素均影响氧的传递效率，在实际应用中为了便于比较，须进行压力和温度校正，把非标准条件下的 $K_{La(T)}$，转换成标准条件（20℃、1.013×10^5 Pa）下的 $K_{La(20)}$，通常采用以下公式计算：

$$K_{La(20)} = \frac{K_{La(T)}}{1.024^{(T-20)}} \tag{3-27}$$

式中　$K_{La(T)}$，$K_{La(20)}$——分别为水温 T 和 20℃时的氧的总转移系数；

T——水的温度，℃；

1.024——温度系数。

氧分压或气压对饱和溶解氧 C_s 的影响为：

$$C_{s(T)} = \frac{p}{1.013 \times 10^5} \cdot C_{s(760, T)} = \rho \cdot C_{s(760, T)} \tag{3-28}$$

式中　$C_{s(T)}$——实验水温条件下清水的饱和溶解氧浓度，mg/L；

p——实验时大气压力，Pa；

$C_{s(760,T)}$——1个标准大气压、实验温度条件下水中饱和溶解氧浓度，mg/L；

ρ——压力修正系数，无量纲。

污水水质对 K_{La} 值和饱和溶解氧 C_s 的影响为：

$$\alpha = \frac{污水中的 K'_{La}}{清水中的 K_{La}} \tag{3-29}$$

$$\beta = \frac{污水中的 C'_s}{清水中的 C_s} \tag{3-30}$$

计算 K_{La} 值时，要根据实验状况和曝气设备，合理选用式（3-27）~式（3-30）中部分公式，对涉及的参数进行修正。

3.8.2.2 充氧能力 R_0

根据 K_{La} 值可以计算曝气设备的充氧能力 R_0，即氧转移速率，该参数反映曝气设备在单位时间内转移到混合液中的氧量，可用下式计算：

$$R_0 = \frac{dC}{dt} \cdot V = K_{La(20)} \cdot (C_{s(20)} - C_0) \cdot V \tag{3-31}$$

式中 C_0——水中的溶解氧浓度，对于脱氧清水 $C_0 = 0mg/L$；

     $C_{s(20)}$——标准状况条件下，水中饱和溶解氧浓度，数值为 9.17mg/L；

     $K_{La(20)}$——水温 20℃时的氧的总转移系数；

     V——曝气池的体积，m^3。

3.8.2.3 氧利用率 E_A

$$E_A = \frac{R_0}{S} \times 100\% E \tag{3-32}$$

式中 R_0——标准状况下转移到溶液中氧的总量，g/h；

     S——标准状况下（20℃）供氧量，g/h。

$$S = 0.21 \times 1.43 G_{s(20)}$$

式中   0.21——氧在空气中所占比率；

     1.43——氧的密度，kg/m^3；

     $G_{s(20)}$——标准状况下（20℃）供气量，m^3/h。

$$G_{s(20)} = \frac{G_s}{\dfrac{P_0 T}{P T_0}} \tag{3-33}$$

式中 $G_{s(20)}$——标准状况下的供气量，m^3/h；

     G_s——气体实际流量（m^3/h）。G_s 值参照转子流量计说明书修正（由于实验条件与标准状况相差不大，所以，为了简化计算，通常取 $G_{s(20)} \approx G_s$，即标准状态的供气量就取转子流量计读数，如果实验时的条件与标准状况相差很大必须要修正）；

     P_0——标准状况下的绝对压强，Pa；

     T_0——标准状况下绝对温度，273+20K；

     P——实际工作绝对压强，Pa；

     T——实际工作绝对温度，273+tK。

3.8.2.4 动力效率 E_P

所谓动力效率 E_P，是指每消耗一度电能时转移到溶液中的氧量。它是一个具有经济价值的指标，实际工程中动力效率的高低将影响到污水处理厂的运行费用。

$$E_P = \frac{R_0}{N} \tag{3-34}$$

式中 E_P——动力效率，$kg(O_2)/(kW \cdot h)$；

     R_0——标准状况下溶解氧转移量，kg/h；

     N——空压机理论功率，E_P 不计管路损失，不计空气压缩机效率，只计算曝气充氧所耗有用功，kW。

$$N = \frac{LG_s}{75\eta} \times 0.736$$

式中　L——将 $1m^3$ 空气由 1.013×10^5 Pa 提升到工作压强所消耗的功：

$$L = 34400\left[\left(\frac{P_2}{1.013 \times 10^5}\right)^{0.29} - 1\right]$$

式中　P_2——进入曝气池绝对大气压（工作压强加上大气压）Pa；

　　　η——压缩机效率，由于计算理论值 η 取 1；

　　　G_s——转子流量计读数。

经整理：

$$N = 338\left[\left(\frac{P_2}{1.013 \times 10^5}\right)^{0.29} - 1\right] \cdot G_s$$

3.8.3　实验设备与试剂

（1）实验用曝气装置（见图 3-27 和图 3-28）；

（2）溶解氧测定仪 1 台；

（3）分析天平 1 台；

（4）脱氧剂：无水亚硫酸钠（Na_2SO_3）；

（5）催化剂：氯化钴（$CoCl_2 \cdot 6H_2O$）；

（6）1000mL 烧杯 1 个。

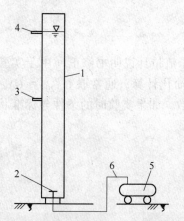

图 3-27　鼓风曝气设备清水充氧实验装置
1—有机玻璃曝气柱；2—曝气头；3—取样孔；
4—溢流孔；5—空压机；6—进气管

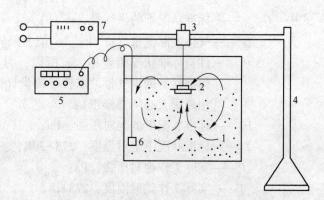

图 3-28　机械曝气设备充氧能力实验装置
1—模型曝气池；2—泵型叶轮；3—电动机；4—电动机
支架；5—溶解氧仪；6—溶解氧探头；7—稳压电源

3.8.4　实验操作步骤

（1）向曝气筒内注入清水，测定水样体积 V(L)、水温 t(℃) 和溶解氧浓度 C(mg/L)，计算水中溶解氧的总量 $G = C \cdot V$；

（2）计算 Na_2SO_3 的投加量：

$$2Na_2SO_3 + O_2 \xrightarrow{CoCl_2} 2Na_2SO_4$$

由方程式得 $\dfrac{O_2}{2Na_2SO_3} = \dfrac{32}{252} = \dfrac{1}{8}$，即亚硫酸钠的理论用量为水中溶解氧量的 8 倍。而水中有部分杂质会消耗亚硫酸钠，故实际投加量为理论用量的 1.5 倍。

所以 Na_2SO_3 的投加量为：

$$m_1 = 1.5 \times 8CV = 12CV$$

式中　m_1——亚硫酸钠投加量，g；

C——清水中溶解氧值，mg/L；

V——水样体积，m^3。

（3）计算氯化钴的投加量。经验证明，清水中有效钴离子浓度约为 0.4mg/L 为好，一般使用氯化钴（$CoCl_2 \cdot 6H_2O$）。因为：

$$\frac{CoCl_2 \cdot 6H_2O}{Co^{2+}} = \frac{238}{59} \approx 4.0$$

所以，氯化钴投加量为

$$m_2 = 0.4 \times 4V = 1.6V$$

式中　m_2——氯化钴投加量，g；

V——水样体积，m^3。

（4）将所称取的脱氧剂 Na_2SO_3 用热水化开，加入到曝气筒中，并加入溶解的催化剂 $CoCl_2 \cdot 6H_2O$，并开动搅拌叶轮轻微搅动，使其充分混合后进行脱氧。

（5）当清水脱氧至零时，开始向曝气筒内曝气充氧，同时开始计时，每隔一定时间（0.5min 或 1min）测定一次水中溶解氧值，直到水中溶解氧值不再增长（即达到饱和）为止。随后，关闭曝气设备。

3.8.5　实验结果及计算

（1）将原始数据记录表 3-22 和表 3-23 中。

表 3-22　实验原始数据

曝气方式	水温 $t/℃$	水样体积 V/m^3	清水中溶解氧 $C/mg \cdot L^{-1}$	Na_2SO_3 投加量 $/m_1 \cdot g^{-1}$	$CoCl_2 \cdot 6H_2O$ 投加量 $/m_2 \cdot g^{-1}$

表 3-23　曝气充氧实验记录及计算数据

t/min	$C_t/mg \cdot L^{-1}$	$C_s - C_t/mg \cdot L^{-1}$	$\dfrac{C_s - C_0}{C_s - C_t}$	$\lg\left(\dfrac{C_s - C_0}{C_s - C_t}\right)$
0.5				
1.0				
1.5				
2.0				
3.0				
4.0				
5.0				
⋮				

（2）试验数据及结果整理：

1）以 $\lg\left(\dfrac{C_s - C_0}{C_s - C_t}\right)$ 为纵坐标，t 为横坐标，绘制直线，通过图解法求得直线斜率为 $\dfrac{K_{\mathrm{La}(T)}}{2.3}$，从而可以求出 $K_{\mathrm{La}(T)}$。

2）根据式（3-27），计算标准状况下，脱氧清水的氧的总转移系数 $K_{\mathrm{La}(20)}$：

$$K_{\mathrm{La}(20)} = \frac{K_{\mathrm{La}(T)}}{1.024^{(T-20)}}$$

3）根据式（3-31），求标准状况下转移到溶液中总氧量 $R_0(\mathrm{mg/h})$

$$R_0 = K_{\mathrm{La}(20)} \cdot (C_{s(20)} - C_0) \cdot V$$

4）计算曝气设备的氧利用率 E_A 和动力效率 E_p。

思考题

（1）简述曝气在活性污泥生物处理法中的作用。

（2）简述曝气充氧原理及其影响因素是什么？

（3）氧的总转移系数 K_{La} 的意义是什么？

（4）温度修正、压力修正系数的意义如何？

（5）分析曝气的种类及各自特点。

3.9　污水可生化性能测定-瓦勃氏呼吸仪法

3.9.1　实验目的

污水可生化性实验，是研究污水中有机污染物可被微生物降解的程度，为选定该污水处理工艺方法、处理工艺流程提供必要的依据。

由于生物处理法去除污水中胶体及溶解性有机污染物，具有高效、经济的优点，因而在选择污水处理方法和确定工艺流程时，往往采用 $\mathrm{BOD}_5/\mathrm{COD}_{\mathrm{Cr}}$ 比值法。在一般情况下，生活污水、城市污水完全可以采用此法，但是对于各种各样的工业污水来讲，由于某些工业污水中含有难以生物降解的有机物，或含有能够抑制或毒害微生物生理活动的物质，或缺少微生物生长所必需的某些营养物质，因此为了确保污水处理工艺选择的合理与可靠，通常要进行污水的可生化性能实验。测定方法较多，本实验介绍瓦勃氏呼吸仪测定污水的可生化性能。

本实验的目的是：

（1）鉴定城市污水或工业污水能够被微生物降解的程度，以便选用适宜的处理技术和确定合理的工艺流程；

（2）了解并掌握测定污水可生化性实验的方法；

（3）熟悉掌握瓦勃氏呼吸仪的构造、操作方法、工作原理及在污水处理中的应用；

（4）理解内源呼吸线及生化呼吸线的基本含义。

3.9.2 实验原理

瓦勃氏呼吸仪用于测定耗氧量，是依据恒温、定容条件下气体量的任何变化可由检压计上压力改变而反映出来的原理，即在恒温和不断搅动的条件下，使一定量的菌种与污水在定容的反应瓶中接触、反应，微生物耗氧将使反应瓶中氧的分压降低（释放 CO_2，用 KOH 溶液吸收），测定分压的变化，即可推算出消耗的氧量。利用瓦勃氏呼吸仪测定污水可生化性，是因为微生物处于内源呼吸期耗氧速度基本不变，而微生物与有机物接触后，由于它的生理活动而消耗氧，耗氧量的多少，则可反映有机物被微生物降解的难易程度。

在不考虑硝化作用时，微生物的生化需氧量由两部分构成，即降解有机物的生化需氧量与微生物内源呼吸耗氧量，如图 3-29 所示。

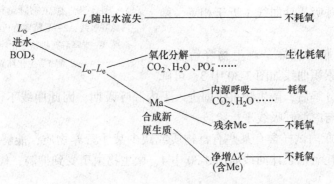

图 3-29 曝气池内微生物耗氧模式

总的生化需氧速率及需氧量可由下式计算：

$$\frac{O_2}{VX_v} = a'N_s + b' \tag{3-35}$$

或

$$O_2 = a'QL_r + b'VX_v \tag{3-36}$$

式中　O_2——曝气池内生化需氧量，kgO_2/d；

$\dfrac{O_2}{VX_v}$——曝气池内单位污泥需氧量，$kgO_2/(kgMLSS \cdot d)$；

a'——降解 1kg 有机物的需氧量，$kgO_2/(kgBOD_5 \cdot d)$；

N_s——污泥有机物负荷，$kgBOD_5/(kgMLSS \cdot d)$；

b'——污泥自身氧化需氧率，$kgO_2/(kgMLVSS \cdot d)$；

Q——处理污水量，m^3/d；

L_r——进水、出水有机物浓度差，kg/m^3；

V——曝气池容积，m^3；

X_v——挥发性污泥浓度 MLVSS，kg/m^3。

其中，内源呼吸耗氧速率 $-\left(\dfrac{dO_2}{dt}\right) = b'$ 不仅基本上为一常量，而降解有机物生化耗氧速率 $-\left(\dfrac{dO_2}{dt}\right) = a'N_s$ 不仅与微生物性能有关，而且还与有机物负荷、有机物总量有关，因此利用瓦勃氏呼吸仪测定污水可生化性能时，由于反应瓶内微生物与底物的不同，其耗氧量累计曲线也将有所不同，如图 3-30 所示。

（1）图 3-30 中曲线 1 为反应瓶内仅有活性污泥与蒸馏水时，微生物内源呼吸耗氧量的累计曲线，耗氧速率基本不变。

（2）当反应瓶内的试样对微生物生理活动无抑制作用时，耗氧量累计曲线如图 3-30 中 2，开始由于有机物含量高，生物降解耗氧速率也大，随着有机物量的减少，生物降解耗氧速率也逐渐降低，当进入内源呼吸期后，其耗氧速率与内源呼吸累计曲线 1 近于相等，两曲线几乎平行。

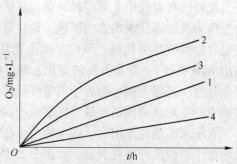

图 3-30   微生物降解耗氧累计线
1—内源呼吸线；2—易降解有机物生化耗氧累计线；
3—难降解有机物生化耗氧累计线；
4—有毒物质生化耗氧累计线

（3）当反应瓶内试样是难生物降解物质时，其生化耗氧累积曲线如图 3-30 中 3，可降解物质被微生物分解后，微生物很快即进入了内源呼吸期，因此曲线不仅累计耗氧量低，而且较早地进入与内源呼吸线平行阶段。

（4）当反应瓶内试样含有某些有毒物质或缺少某些营养物质，能够抑制微生物正常代谢活动时，其耗氧量累计曲线如图 3-30 中 4，微生物由于受到抑制，代谢能力降低，耗氧速率也降低。

由此可见，通过瓦勃氏呼吸仪耗氧量累计曲线的测定绘制，可以判断污水的可生化性，并可确定有毒、有害物质进入生物处理构筑物的允许浓度等。

3.9.3   设备及用具

（1）瓦勃氏呼吸仪，主要由以下三部分组成：

1）恒温水浴，具有三种调节温度的设备：一是电热器，通常装在水槽底部，通以电流后使水温升高；二是恒温调节器，能够自动控制电流的断续，这样就使水槽温度也能自动控制；三是电动搅拌器，使水槽中水温迅速达到均匀；

2）振荡装置；

3）瓦勃氏呼吸计。由反应瓶和测压管组成，如图 3-31 所示。

反应瓶为一带中心小杯及侧壁的特殊小瓶，容积为 25mL，用于污水处理时，宜用 125mL 的大反应瓶。

测压管一端与反应瓶相连，并设三通，平时与大气不通，称闭管，另一端与大气相通，称开管，一般测压管总高约 300mm，并以 150mm 的读数为起始高度。

（2）离心机。

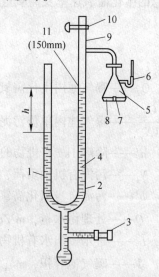

图 3-31   瓦勃氏呼吸计构造示意图
1—开管；2—闭管；3—调节螺旋；
4—测压液；5—反应瓶；6—反应瓶侧壁；
7—中心小杯（内装 KOH）；8—水样；
9—测压管；10—三通；11—参考点

（3）康氏振荡器。

（4）BOD_5、COD 分析测定装置及药品等。

（5）定时钟、洗液、玻璃器皿等及电磁搅拌器。

（6）羊毛脂或真空脂、皮筋、生理盐水、pH＝7 的磷酸盐缓冲液、20%KOH 溶液。

（7）布劳第（Brodie）溶液，23g NaCl 和 5g 脂胆酸钠，溶于 500mL 蒸馏水中，加少量酸性复红，溶液比重为 1.033。

瓦勃氏呼吸仪构造及操作运行方法，分别见《瓦呼仪的使用》及瓦勃氏呼吸仪说明书。

3.9.4　实验步骤及记录

（1）实验用活性污泥悬浮液的制备：

1）取运行中的城市污水处理厂或某一工业污水处理站曝气池内混合液，倒入曝气装置内空曝 24h，或放在康氏振荡器上振荡，使活性污泥处于内源呼吸阶段。

2）取上述活性污泥，在 3000r/min 的离心机上离心 10min，倾去上清液，加入生理盐水洗涤，在电磁搅拌器上搅拌均匀后再离心，而后用蒸馏水洗涤，重复上述步骤，共进行三次。

3）将处理后的污泥用 pH＝7 的磷酸盐缓冲液稀释，配制成所需浓度的活性污泥悬浮液。

（2）底物的制备。反应瓶内反应进行所需的底物，应根据实验目的而定。

1）由现场取样，或根据需要对水样加以处理，或在水样中加入某些成分后，作为底物。

2）人工配制各种浓度或不同性质的污水作为底物。

本实验是取生活污水，并加入 Na_2S 配制几种不同含硫浓度的废水，其浓度分别为 5mg/L、15mg/L、40mg/L、60mg/L。

（3）取清洁干燥的反应瓶及在测压管中装好 Brodie 检压液备用，反应瓶按表 3-24 加入各种溶液，其中：

1、2 两套只装入相同容积蒸馏水作温度压力对照，以校正由于大气温度、压力的变化引起的压力降。

3、4 两套测定内源呼吸量，即在这两个反应瓶中注入活性污泥悬浮液，并加入相同容积的蒸馏水以代替底物，它们的呼吸耗氧量所表示的就是没有底物的内源呼吸耗氧量。

其余 10 套除投加活性污泥悬浮液外，可按实验要求分别投加不同的底物向反应瓶内投加 KOH、底物、污泥。

1）用移液管取 0.2mL、20%KOH 溶液放入各反应瓶的中心小杯，应特别注意防止 KOH 溶液进入反应瓶。用滤纸叠成扇状放在中心小杯杯口，以扩大 CO_2 吸收面积，并防止 KOH 溢出。

2）按表 3-24 的要求，将蒸馏水、活性污泥悬浮液，用移液管移入相应的反应瓶内。

3）按表 3-24 的要求，将各种底物用移液管移入相应反应瓶的侧壁内。

（4）开始实验工作：

1）将水浴槽内温度调到所需温度并保持恒温。

表 3-24　各反应瓶所投加的底物

反应瓶编号	反应瓶内液体容积/mL							中央小杯中20%KOH溶液体积/mL	溶液总体积/mL	备注
	蒸馏水	活性污泥	底物含 S^{2-}/mg·L^{-1}							
			5	15	40	60	生活污水			
1、2	3									温度、压力对照
3、4	2	1								内源呼吸
5、6		1	2							
7、8		1		2				0.2	3.2	
9、10		1			2					
11、12		1				2				
13、14		1					2			

2）将上述各反应瓶磨口塞与相应的压力计连接，并用橡皮筋拴好，将各反应瓶侧臂的磨口与相应的玻璃棒塞紧，使反应瓶密封。

3）将各反应瓶置于恒温水浴槽内，同时打开三通活塞，使测压管的闭管与大气相通。

4）开启振荡装置约 5~15min，使反应瓶体系的温度与水浴温度完全一致。

5）将反应瓶侧壁中底物倾入反应瓶内，注意不要把 KOH 倒出或把污泥、底物倒入中心小瓶内。

6）将各测压管闭管中检压液面调节到刻度 1500mm 处，然后迅速关闭测压管顶部三通使之与大气隔绝，记录各调压管中检压液面读数，此值应约在 150mm，再开启振荡装置，此时即为实验开始时刻。

（5）实验开始后每隔一定时间，如 0.25h、0.5h、1.0h、2.0h、3.0h…6.0h，关闭振荡装置，利用测压管下部的调节螺旋，将闭管中的检压液液面调至 150mm，然后读出开管中检压液液面并记录于表 3-25 中。

表 3-25　瓦勃氏呼吸仪生物耗氧量测定记录及成果整理表

反应瓶编号													
反应瓶常数	$K=$		$K=$			$K=$				$K=$			
反应瓶用途	温压计		内源呼吸			底物				底物含 S^{2-}/mg·L^{-1}			
项目 时间/h	读数 h	差值 Δh	读数 h_i'	差值 $\Delta h_i'$	实差 Δh_i	耗氧率 C_i	读数 h_i'	差值 $\Delta h_i'$	实差 Δh_i	耗氧率 C_i	读数 h_i'	差值 $\Delta h_i'$	实差 Δh_i	耗氧率 C_i
0.25													
0.50													
1.00													
2.00													
3.00													
4.00													
5.00													
6.00													

1）严格地说，在进行读数时，振荡装置应继续工作，但实际上很困难，为避免实验时产生较大的误差，读数应快速进行，或在实验时间中扣除读数时间，记录完毕，即迅速开启振荡开关。

2）温度及压力修正两套实验装置，应分别在第一个和最后一个读数以修正操作时间的影响。

3）实验中，待测压管读数降至50mm以下时，需开启闭管顶部三通，使反应瓶空间重新充气，再将闭管液位调至150mm，并记录此时开管液位高度。

4）读数的时间间隔应按实验的具体要求而定，一般开始时应取较小的时间间隔，如15min，然后逐步延长至30min，1h，甚至2h，实验延续时间视具体情况而定，一般最好延续到生化呼吸耗氧曲线与内源呼吸耗氧曲线趋于平行时为止。

（6）实验停止后，取下反应瓶及测压管，擦净瓶口及磨塞上的羊毛脂，倒去反应瓶中液体。用清水冲洗后，置于肥皂水中煮沸，再用清水冲洗后，以洗液浸泡过夜，洗净后置于55℃烘箱烘干待用。

3.9.5　注意事项

（1）瓦勃氏呼吸仪是一种精密贵重仪器，使用前一定要搞清楚仪器本身构造、操作及注意事项，实验中精力要集中，动作要轻、软，以免损坏反应瓶或测压管。

（2）反应瓶、测压管的容积均已标好，并有编号，使用时一定要注意编号、配套，不要搞乱搞混，以免由于容积不准影响实验效果。

（3）活性污泥悬浮液的制备，一定要按步骤进行，保证污泥进入内源呼吸期。

（4）为了保证实验结果的精确可靠，必要时，可先用一反应瓶进行必要的演练。

3.9.6　成果整理

（1）根据实验中记录的测压管读数（液面高度），计算活性污泥耗氧量，计算表格如表3-25所示。

主要公式为：

$$\Delta h_i = \Delta h_i' - \Delta h \tag{3-37}$$

式中　Δh_i——各测压管计算的检压液而高度变化值，mm；

Δh——温度压力对照管中检压液液面高度变化值（取2套温压校正装置读数的平均值），mm。

$$\Delta h = \frac{\Delta h_1 + \Delta h_2}{2} \tag{3-38}$$

其中：

$$\Delta h_1 = h_{2(t2)} - h_{1(t1)} \tag{3-39}$$

$$\Delta h_2 = h_{2(t2)} - h_{2(t1)} \tag{3-40}$$

$\Delta h_i'$——各测压管实测的检压液液面高度变化值，mm。

$$\Delta h_i' = h_{i(t2)}' - h_{i(t1)}' \tag{3-41}$$

$$X_i' = K_i \cdot \Delta h_i \tag{3-42}$$

或

$$X_i = 1.429 K_i \cdot \Delta h_i \tag{3-43}$$

式中　X_i'——耗氧量，mL；

　　　X_i——耗氧量，mg；

　1.429——氧的容重，g/L；

　　　K_i——各反应瓶的体积常数，已给出，测法及计算可参见《瓦呼仪的使用》一书。

$$C_i = \frac{X_i}{S_i} \qquad (3\text{-}44)$$

式中　C_i——各反应瓶不同时刻，单位量活性污泥的耗氧量，mg/mg；

　　　X_i——各反应瓶不同时间的耗氧量，mg；

　　　S_i——各反应瓶中的活性污泥重量，mg。

（2）以时间为横坐标，C_i为纵坐标，绘制内源呼吸线及不同含硫污水生化呼吸线，进行比较。分析含硫浓度对生化呼吸过程的影响，及生物处理可允许的含硫浓度。

思考题

（1）简述瓦勃氏呼吸仪的构造、操作步骤、使用注意事项。

（2）利用瓦勃氏呼吸仪为何能判定某种污水可生化性？

（3）何为内源呼吸，何为生物耗氧？

（4）利用瓦勃氏呼吸仪还可进行哪些有关实验？

3.10　活性污泥吸附-降解性能测定实验

3.10.1　实验目的

在活性污泥法的净化功能中，起主导作用的是活性污泥，活性污泥性能的优劣，对活性污泥系统的净化功能有决定性的作用。活性污泥是由大量微生物凝聚而成，具有很大的比表面积，性能优良的活性污泥应具有很强的吸附性能和氧化分解有机污染物的能力，并具有良好的沉淀性能。因此，活性污泥的活性即吸附性能、生物降解能力与污泥凝聚沉淀性能。由于污泥凝聚沉淀性能可由污泥容积指数 SVI 值和污泥成层沉降的沉速反映。故本实验只考虑活性污泥的活性吸附性能与生物降解能力的测定。

（1）通过实验加深对活性污泥性能，特别是污泥活性的理解；

（2）掌握活性污泥吸附-降解性能的测定方法。

3.10.2　实验原理

任何物质都有一定的吸附性能，活性污泥由于单位体积表面积很大，特别是再生良好的活性污泥具有很强的吸附性能，故此污水与活性污泥接触初期由于吸附作用，而使污水中底物得以大量去除，即所谓初期去除。随着外酶作用，某些被吸附物质经水解后，又进入水中，使污水中底物浓度又有所上升。随后由于微生物对底物的降解作用，污水中底物浓度随时间而逐渐缓慢的降低，整个过程如图 3-32 所示。

在底物与氧气充足的条件下，由于微生物的新陈代谢，将不断地消耗污水中底物，使其数量逐渐减少，活性良好的污泥降解能力强，底物降解速度快。因此可用单位时间、单位质量污泥，对底物降解的数量，可以反映评价活性污泥活性，即生物降解能力。同样，本实验也可以用来判断污水的可生化性。

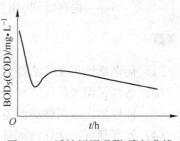

图 3-32　活性污泥吸附-降解曲线

3.10.3　实验材料

（1）恒温摇床 1 台，或磁力搅拌器 2 台；
（2）离心机 1 台；
（3）分析天平 1 台；
（4）纱布、三角瓶、烧杯等有关玻璃器皿；
（5）COD 及其他指标所需的分析仪器及试剂药品。

3.10.4　实验步骤

（1）制备活性污泥：取运行曝气池回流污泥，经离心机浓缩脱水后，倾去上清液。
（2）用分析天平称取一定量的浓缩污泥放入 250mL 三角瓶中，加入 150mL 待处理的污水，配制成相同污泥负荷的混合液（或配制混合液浓度 MLSS＝2000～3000 mg/L），同时测定原水样 COD 值。
（3）将三角瓶放置于恒温摇床上，启动摇床进行振荡（或将上述混合液放到烧杯内，在磁力搅拌器上搅拌），控制转速 180rpm，温度 25℃，同时开始计时，每隔一段时间取样，在时间为 15min、30min、45min、60min、90min 时，分别取出约 10mL 混合液。
（4）将上述所取水样经过滤或经 30min 静沉，取其滤液或上清液，测定其 COD 值。

3.10.5　注意事项

（1）活性污泥吸附-降解性能测定实验为一条件实验，改变不同条件，结果不同。因此，作为对比实验，两组实验条件负荷、水温、搅拌强度一定严格控制一致。
（2）三角瓶放在摇床上，要用泡沫塑料挤紧，以免振荡时倾倒或破碎。

3.10.6　实验结果整理

（1）实验中不同时间测定的 COD 值，记录在表 3-26 中。

表 3-26　水样 COD 测定记录表

时间/min	0（原水）	15	30	45	60
COD/mg · L^{-1}					

（2）以 COD 值为纵坐标，以时间为横坐标，绘制污泥生物降解曲线；
（3）计算活性污泥对底物的降解能力：

$$G = \frac{(C_1 - C_2) \cdot V}{10^6 \cdot q \cdot t} \quad (\text{kg/kg} \cdot \text{h}^{-1})$$

式中　C_1，C_2——污水实验前后水质指标的浓度，mg/L；
V——底物的体积，mL；
q——活性污泥干质量，g；

t——振荡时间，h。

思考题

（1）何谓活性污泥的活性？影响污泥活性的因素有哪些？
（2）活性污泥吸附性能对污水底物的去除有何影响，试举例说明。
（3）活性污泥吸附性能测定的意义。
（4）发育良好的活性污泥具有哪些特征？

3.11　污泥比阻测定实验

3.11.1　实验目的

（1）进一步加深理解污泥比阻的概念；
（2）掌握测定污泥比阻的实验方法；
（3）掌握评价污泥脱水性能的方法。

3.11.2　实验原理

污泥经重力浓缩或消化后，含水率大约在 97%，体积不大便于运输。因此一般多采用机械脱水，以减小污泥体积。利用机械力对污泥进行脱水的方法称之为机械脱水。机械脱水所采用的方法有真空过滤法、压滤法、离心法，本质上都属于过滤脱水的范畴，基本原理也相同，都是利用过滤介质两侧的压力差作为推动力，使水分强制通过过滤介质，固体颗粒被截流在介质上，达到脱水的目的。对于真空过滤法，其压差是通过在过滤介质的一侧造成负压而产生；对于压滤法，压差产生于过滤介质的一侧；对于离心法，压差是以离心力为推动力。

污泥过滤性能主要决定于滤饼的阻力。过滤机的脱水能力可用著名的卡门（Carman）过滤基本方程式表示：

$$\frac{\mathrm{d}V}{\mathrm{d}t} = \frac{PA^2}{\mu(rCV + R_m A)} \tag{3-45}$$

式中　$\dfrac{\mathrm{d}V}{\mathrm{d}t}$——过滤速度，$\mathrm{m}^3/\mathrm{s}$；

　　　V——滤出液体积，m^3；

　　　t——过滤时间，s；

　　　P——过滤压力，$\mathrm{kg/m}^2$；

　　　A——有效过滤面积，m^2；

　　　C——单位面积滤出液所截留的滤饼干质量，$\mathrm{kg/m}^3$；

　　　r——污泥比阻，m/kg 或 s^2/g；

　　　R_m——过滤开始时单位过滤面积上过滤介质的阻力，$1/\mathrm{m}^2$；

　　　μ——滤出液的动力黏滞度，$\mathrm{kg \cdot s/m}^2$。

对式（3-45）进行积分，得到以下方程式：

$$\frac{t}{V} = \left(\frac{\mu r C}{2PA^2}\right) V + \frac{\mu R_m}{PA} \tag{3-46}$$

根据式（3-46）可知，在压力一定的条件下过滤时，$\frac{t}{V}$ 与 V 成直线关系，直线的斜率 b 与截距 a 分别是

$$b = \frac{\mu \cdot rC}{2PA^2} \tag{3-47}$$

$$a = \frac{\mu R_m}{PA} \tag{3-48}$$

因此，污泥比阻值（r）可表示为：

$$r = \frac{2PA^2}{\mu} \cdot \frac{b}{C} \tag{3-49}$$

污泥比阻（r）是表示污泥过滤特性的综合指标，其物理意义是：单位质量的污泥在一定压力下过滤时，在单位过滤面积上的阻力，即单位过滤面积上单位干质量滤饼所具有的阻力。比阻值越大的污泥，越难过滤，其脱水性能也差。

根据式（3-49）可以看出，比阻值与过滤压力、斜率 b 及过滤面积的平方成正比，与滤液的动力黏滞度及 C 成反比。要求得污泥比阻值，需在实验条件下求出斜率 b 和 C 值。b 可在定压下（真空度保持不变），通过抽滤实验测定一系列的 t—V 数据，即测定不同过滤时间 t 时滤液量 V，并以滤液量 V 为横坐标，以 t/V 为纵坐标，用图解法求得直线斜率即为 b。

C 可根据定义计算：

$$C = \frac{(Q_0 - Q_y)C_d}{Q_y} \tag{3-50}$$

式中　Q_0——原污泥体积，mL；

　　　Q_y——滤液体积，mL；

　　　C_d——滤饼固体浓度，g/mL。

根据液体平衡关系，有下式成立：

$$Q_0 = Q_y + Q_d \tag{3-51}$$

式中　Q_d——滤饼体积，mL。

根据固体物质平衡关系，有下式成立：

$$Q_0 C_0 = Q_y C_y + Q_d C_d \tag{3-52}$$

式中　C_0——原污泥中固体物质浓度，g/mL；

　　　C_y——滤液中固体物质浓度，g/mL。

由式（3-51）、式（3-52）可得：

$$Q_y = \frac{Q_0(C_0 - C_d)}{C_y - C_d} \tag{3-53}$$

将式（3-53）代入式（3-50），并设 $C_y = 0$ 可得：

$$C = \frac{C_d \cdot C_0}{C_d - C_0} \tag{3-54}$$

上述求 C 值的方法，必须测量滤饼的厚度方可求得，但在实验过程中测量滤饼厚度是很困难的且不易量准，故 C 值在可采用测滤饼含水比的方法求得：

$$C = \cfrac{1}{\cfrac{C_i}{100 - C_i} - \cfrac{C_f}{100 - C_f}} \tag{3-55}$$

式中　　C_i——原污泥的含水率,%；

　　　　C_f——滤饼的含水率,%。

例如，污泥含水率 97.7%，滤饼含水率为 80%，则 C 值为：

$$C = \cfrac{1}{\cfrac{97.7}{100 - 97.7} - \cfrac{80}{100 - 80}} = \frac{1}{38.48} = 0.026 \text{g/mL}$$

将所得之 b、C 值代入式（3-49）可求出比阻值 r。在工程单位制中，比阻的量纲为（m/kg）或（cm/g），在 CGS 制中比阻的量纲为（S^2/g）。

一般认为污泥比阻值在（$0.1 \sim 0.4$）$\times 10^9 S^2/g$ 之间时，污泥则为易于过滤，进行机械脱水较为经济和适合，在（$0.5 \sim 0.9$）$\times 10^9 S^2/g$ 之间的污泥为中等，在 $10^9 \sim 10^{10} S^2/g$ 的污泥为难过滤的。各种污泥的大致比阻值如表 3-27 所示，故在机械脱水前，必须进行相应的预处理。

表 3-27　各种污泥的大致比阻值

污泥种类	比 阻 值	
	S^2/g	m/kg
初次沉淀污泥	$(4.7 \sim 6.2) \times 10^9$	$(46.1 \sim 60.8) \times 10^9$
消化污泥	$(12.6 \sim 14.2) \times 10^9$	$(123.6 \sim 139.3) \times 10^9$
活性污泥	$(16.8 \sim 28.8) \times 10^9$	$(164.8 \sim 282.5) \times 10^9$
腐殖污泥	$(6.1 \sim 8.3) \times 10^9$	$(59.8 \sim 81.4) \times 10^9$

注：$S^2/g \times 9.81 \times 10^3 = m/kg$。

3.11.3　实验装置与试剂

（1）实验装置如图 3-33 所示；

（2）秒表、滤纸；

（3）电热鼓风干燥箱；

（4）水分快速测定仪。

3.11.4　实验步骤

（1）测定污泥的含水率；

（2）在布氏漏斗（直径 50mm）上放置快速滤纸，用水湿润，贴紧漏斗底；

（3）启动真空泵，用调节阀调节真空表压力，实验压力为 0.02MPa（真空度 150mmHg），使滤纸紧贴漏斗底，关闭真空泵；

（4）加入 100～150mL 的污泥于布氏漏斗中，启动真空泵，调节真空压力至实验压

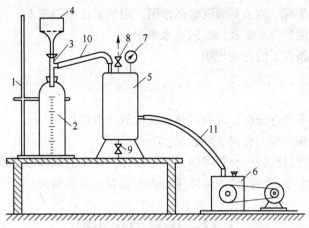

图 3-33 比阻抗实验装置图

1—固定铁架；2—计量筒；3—抽气接管；4—布氏漏斗；5—吸滤筒；6—真空泵；7—真空表；8—调节阀；
9—放空阀；10—硬塑料管；11—硬橡皮管

力，启动秒表，并记下开动时计量筒内的滤液体积 V_0；

（5）每隔一定时间（开始过滤时可每隔 10s 或 15s，滤速减慢后可每隔 30s 或 1min），记下计量筒内相应的滤液体积 V；

（6）一直过滤至滤饼破裂，真空破坏，如真空长时间不破坏，则过滤 20min 后即可停止；

（7）关闭阀门取下滤饼放入称量瓶内称量；

（8）称量后的滤饼于 105℃ 的电热鼓风干燥箱内烘干称质量；

（9）计算出滤饼的含水率，求出单位体积滤液的固体量 C。

3.11.5 实验数据记录与整理

（1）实验基本参数。

实验压力_____ MPa；污泥黏滞度_____；布氏漏斗直径_____；
污泥含水率_____；滤饼含水率_____。

（2）将布氏漏斗实验测得数据按表 3-28 记录并计算。

表 3-28 试验原始记录及计算表

时间/ s	计量筒滤液 V/mL	滤液量 $V = V_t - V_0$/mL	$\dfrac{t}{V}$ /s·mL^{-1}	备注

（3）以 V 为横坐标，以 t/V 为纵坐标作图，用图解法求斜率 b；

（4）根据原污泥的含水率及滤饼的含水率求出 C；

（5）计算实验条件下的污泥比阻 r。

思考题

（1）对实验结果进行分析，并判断该污泥的脱水性能如何？

（2）污泥比阻在工程上有何实际意义？

（3）污泥在真空过滤时，是否可以说真空度越大泥饼的固体浓度就越大？为什么？

（4）比阻抗的大小与污泥的固体浓度是否有关系？关系如何？

3.12　厌氧消化实验

3.12.1　实验目的

厌氧消化可用于处理有机污泥和高浓度有机废水（如柠檬酸废水、制浆造纸废水、含硫酸盐废水等），是污水和污泥处理的主要方法之一。厌氧消化过程受 pH、碱度、温度、负荷率等因素的影响，产气量与操作条件、污染物种类有关。进行消化设计前，一般都要经过实验室试验来确定该废水是否适于消化处理，能降解到什么程度，消化池可能承受的负荷以及产气量等有关设计参数。因此，掌握厌氧消化实验方法具有重要实际意义。

通过本实验希望达到以下目的：

（1）掌握厌氧消化实验方法；

（2）了解厌氧消化过程 pH、碱度、产气量、COD 去除等的变化情况，加深对厌氧消化的影响。

3.12.2　实验原理

厌氧消化过程是在无氧条件下，利用兼性细菌和专性厌氧细菌来降解有机物的处理过程，其终点产物和好氧处理不同：碳素大部分转化成甲烷，氮素转化成氨和氮，硫素转化为硫化氢，中间产物除同化合成为细菌物质外，还合成为复杂而稳定的腐殖质。

厌氧消化过程可分为四个阶段：

（1）水解阶段。高分子有机物在胞外酶作用下进行水解，被分解为小分子有机物；

（2）消化阶段（发酵阶段）。小分子有机物在产酸菌的作用下转变成挥发性脂肪酸（VFA）、醇类、乳酸等简单有机物；

（3）产乙酸阶段。上述产物被进一步转化为乙酸、H_2、碳酸及新细胞物质；

（4）产甲烷阶段。乙酸、H_2、碳酸、甲酸和甲醇等在产甲烷菌作用下被转化为甲烷、二氧化碳和新细胞物质。由于甲烷菌繁殖速度慢，世代周期长，所以这一反应步骤控制了整个厌氧消化过程。

3.12.3　实验设备和材料

（1）实验设备。

1）厌氧消化装置（见图3-34）：消化瓶的瓶塞、出气管以及接头处都必须密闭，防止漏气，否则会影响微生物的生长和所产沼气的收集；

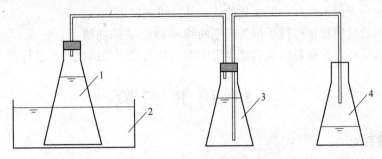

图3-34 厌氧消化实验装置

1—消化瓶；2—恒温水浴箱；3—集气瓶；4—计量瓶

2）恒温水浴槽；

3）COD测定装置；

4）酸度计。

（2）实验材料。

1）已培养驯化好的厌氧污泥；

2）模拟工业废水（本实验采用人工配制的甲醇废水）。

3.12.4 实验步骤

（1）配置甲醇废水400mL备用。甲醇废水配比如下：甲醇2%、乙醇0.2%、NH_4Cl 0.05%、甲酸钠0.5%、KH_2PO_4 0.025%、pH＝7.0～7.5；

（2）消化瓶内有驯养好的消化污泥混合液400mL，从消化瓶中倒出50mL消化液；

（3）加入50mL配置的人工废水，摇匀后盖紧瓶塞，将消化瓶放进恒温水浴槽中，控制温度约在35℃；

（4）每隔2h摇动一次，并记录产气量，共记录5次，填入表3-29。产气量的计量采用排水集气法；

表3-29 沼气产量记录表

时间/h	0	2	4	6	8	10	2h总产气量
沼气产量/mL							

（5）24h后取样分析出水pH值和COD，同时分析进水时的pH值和COD，填入表3-30。

表3-30 厌氧消化反应实验记录表

日期	投配率	进水		出水		COD去除率（%）	沼气产量/mL
		pH	COD/mg·L⁻¹	pH	COD/mg·L⁻¹		

3.12.5 实验结果分析

（1）绘制一天内沼气产率的变化曲线，并分析其原因；

（2）绘制消化瓶稳定运行后沼气产率曲线和 COD 去除曲线；

（3）分析哪些因素会对厌氧消化产生影响，如何使厌氧消化顺利进行？

3.13 硝 化 实 验

3.13.1 实验目的

（1）加深对活性污泥法硝化过程的理解；

（2）掌握活性污泥硝化速率的测定方法。

3.13.2 实验原理

当前，氮素污染物是我国环境水体的主要污染成分之一，对人类和环境的危害较大。危害主要表现为：

（1）刺激地表水中植物和藻类的过度生长，造成水体"富营养化"，从而导致水中溶解氧下降、鱼类大量死亡以及水质变差；

（2）氨作为硝化细菌的能源，在氧化过程中消耗溶解氧，造成水体缺氧，严重时使水体变黑发臭；

（3）氨作为毒物，影响血液对氧的结合，使鱼类致死；

（4）与氯气作用生成氯胺，影响氯化消毒处理效果；

（5）氨转化成硝酸盐后，尽管消耗水体溶解氧的能力不再存在，但仍然能引起"富营养化"，污染饮用水的硝酸盐还可能导致婴儿的高铁血红蛋白症；

（6）硝酸盐进一步转化为亚硝胺，则具有"三致"作用，直接威胁人类健康。

氮素污染物的来源包括城市生活污水和工业废水。城市生活污水中的氮主要以有机氮和氨氮等形式存在，由厨房洗涤、厕所冲洗、淋浴、洗衣等带入，城市垃圾渗滤液含氨氮量也较高。工业废水中的氮与工厂的生产原料、生产工艺和产品种类，以及工厂的管理技术和水平有关，因此各行业工业废水的含氮污染物的种类和浓度差异较大。此外，农村的畜禽养殖污水以及含氮化肥的使用也给水体带来大量的氮素污染物。

生物法脱氮被广泛运用于各类含氮污水处理中，基本原理是通过氨化作用将有机氮转化为氨氮，再通过硝化反应将氨氮转化为亚硝态氮和硝态氮。最后通过反硝化反应将硝态氮转化为氮气而从水中逸出。

硝化反应包括两个基本的反应步骤：（1）由氨氧化菌（Ammonium Oxidation Bacteria，AOB）参与的将氨氮转化为亚硝酸盐（NO_2^-）的反应（见式 3-56）；（2）由亚硝酸氧化菌（nitrite oxidation bacteria，NOB）参与的将亚硝酸盐转化为硝酸盐（NO_3^-）的反应（见式 3-57）。

$$NH_4^+ + 3/2O_2 \longrightarrow NO_2^- + H_2O + 2H^+ \tag{3-56}$$

$$NO_2^- + 1/2O_2 \longrightarrow NO_3^- \tag{3-57}$$

AOB 主要有亚硝化单胞菌属（Nitrosomonas）、亚硝酸叶菌属（Nitrosolobus）、亚硝酸弧菌属（Nitrosovibrio）、亚硝酸螺杆菌属（Nitrosospira）和亚硝酸球菌属（Nitrosococcus）等[8]；NOB 主要有硝化杆菌属（Nitrobacter）、硝化球菌属（Nitrococcus）、硝化刺菌属（Nitrospina）和螺旋菌属（Nitrospira）4 个属。上述 AOB 和 NOB 均以 O_2 作为电子受体，所以硝化反应过程需在有氧条件下进行。另外，硝化菌属于化能自养菌，利用无机碳化合物如 CO_2、CO_3^{2-}、HCO_3^- 等作为碳源合成细胞菌体。

3.13.3 实验设备及药品

（1）曝气泵；

（2）离心机；

（3）8L 塑料容器；

（4）1000mL 烧杯、1000mL 量筒、5mL 离心管多个；

（5）1mL、2mL、5mL、10mL 移液管各 1 支；

（6）气体流量计；

（7）分光光度计；

（8）氯化铵；

（9）碳酸氢钠；

（10）酒石酸钾钠溶液和纳氏试剂。

3.13.4 实验步骤

3.13.4.1 活性污泥的准备

（1）用自来水清洗取自城市污水处理厂的活性污泥 3 次（清洗过程：将部分沉淀污泥置于塑料容器，补充自来水到塑料容器有效容积内，待污泥沉淀后，清除上清液，此过程计算为 1 次清洗）；

（2）取一定体积已清洗完的污泥放置于塑料容器，并将其定容到 6L；

（3）将定容完毕的活性污泥混合液混合均匀后，取 100mL 混合液，并测量其污泥浓度（MLSS）。

3.13.4.2 药剂准备

（1）按照拟定的氨氮浓度要求，称取氯化铵。假如拟定配置混合液体积为 6L，NH_4^+-N 浓度 50mg/L，氯化铵（分子量为 53.49）称量质量计算公式为：

$$53.49 \times (50mg/L \times 6L)/(14 \times 1000mg/g) = 1.146g$$

（2）按照拟定的碱度要求，称取碳酸氢钠。假如拟定配置混合液体积为 6L，NH_4^+-N 浓度 50mg/L，碱度要求为 50mg/L×7 = 350mg/L（以 $CaCO_3$ 计），碳酸氢钠（分子量为 84.01）称量质量计算公式为：

$$(84.01 \times 2) \times (350mg/L \times 6L)/(100 \times 1000mg/g) = 3.53g$$

3.13.4.3 硝化过程

应注意的是，下述实验，每一组需做两个实验，实验（1）必做，其余实验任选其一。做完实验（1）后，污泥需用自来水清洗三遍后再开始下一个实验。

（1）基准实验。按照分组顺序，每一个班第一组设定氨氮浓度为 40mg/L，之后每一组递加 10mg/L。碱度设定比值（NH$_4^+$-N∶碱度）为 1∶7。

实验过程为：

1）称量所需的氯化铵和碳酸氢钠，将其加入到 6L 准备好的活性污泥混合液；

2）调整曝气量，以泥水充分混合为要求；

3）通过调整曝气量实现泥水混合后，用 2 个 5mL 离心管采集第 1 次水样并开始计时，之后每间隔 15min 用 2 个 5mL 离心管采集一次水样，直到计时满 60min，共采集 10 个水样；

4）计时满 60min 后，停止曝气并取出曝气头，待污泥沉淀后，撇除上清液。再用自来水清洗污泥三次以满足开展下一批次实验的要求。

（2）氨氮浓度调整实验。将氨氮浓度调整为基准实验时氨氮浓度的 50%，并按相应的以 1∶7 比例调整碱度投量。其余步骤参照基准实验进行。曝气量、取样时间等条件均不变。

（3）曝气量调整实验。在基准实验的基础上，通过肉眼观察或者气体流量计调整曝气流量（增大、减小均可）。氨氮浓度、碱度投量、取样时间等条件均不变。

（4）碱度投量调整实验。在基准实验的基础上，调整氨氮与碱度的比值（NH$_4^+$-N∶碱度）为 1∶3.5。氨氮浓度、曝气量、取样时间等条件均不变。

3.13.4.4 氨氮浓度的测定

（1）水样处理。每次采集的水样立即放置于离心机，在 4000r/min 条件下，离心 5min。离心完成后，移取上清液 3mL 于 50mL 比色管。

（2）指标测定。将放置水样的比色管用蒸馏水定容到 50mL 标线，然后分别加入配置好的 1mL 酒石酸钾钠溶液混匀。再加入 1.5mL 纳氏试剂混匀（另取一根未加水样的比色管，加注 50mL 蒸馏水，并同步加入酒石酸钾钠和纳氏试剂，作为空白水样，用于吸光度测定时调零）。每个比色管加注药剂后，均需震荡混匀。最后静置显色，显色时间为 10min。

显色完成后，在波长 420nm 处，用光程为 20mm 比色皿，以空白水样为参比调零，测量各水样吸光度 A，填入表 3-31 中。

（3）指标计算。氨氮浓度计算公式为：

$$[NH_4^+\text{-N}] = A \times 280/3 \quad (mg/L)$$

表 3-31　硝化实验记录表

工作时间	备注	0min	15min	30min	45min	60min	75min
基准实验							
氨氮浓度调整							
气量调整							
碱度调整实验							

比降解速率计算公式为：

$$r = d\left[\mathrm{NH_4^+ \text{-} N}\right] / (dt \times \mathrm{MLSS})(\mathrm{kg\text{-}N/m^3 \cdot d})$$

思考题

（1）硝化过程具有哪些影响因素，根据实验结果确定其影响程度？

（2）绘制氨氮降解曲线并计算氨氮比降解速率。

3.14　反硝化实验

3.14.1　实验目的

（1）加深对活性污泥法反硝化过程的理解；

（2）掌握活性污泥法反硝化速率的测定方法。

3.14.2　实验原理

反硝化反应是由异养型兼性厌氧微生物完成的生物化学反应过程，在缺氧条件下，将硝化过程产生的硝态氮或者亚硝态氮还原为氮氧化物或氮气。他们多数是兼性细菌，有分子态氧存在时，反硝化菌氧化分解有机物，利用分子氧作为最终电子受体。在无分子态氧条件下，反硝化菌也需要分解有机物，并利用硝态氮中的 N^{5+} 和 N^{3+} 作为电子受体。反硝化菌是兼性厌氧菌，既能进行有氧呼吸，也能进行无氧呼吸。

反硝化反应包括两个基本的反应：（1）由一群异养型微生物利用有机物作为碳源，将亚硝酸盐（NO_2^-）还原为氮氧化物或者氮气的反应式（3-58）；（2）仍由异养型微生物利用有机物作为碳源，将硝酸盐（NO_3^-）还原为氮氧化物或者氮气的反应式（3-59）。

$$NO_2^- + 3H(电子供体 \text{-} 有机物) \longrightarrow 0.5N_2\uparrow + H_2O + 2OH^- \tag{3-58}$$

$$NO_3^- + 5H(电子供体 \text{-} 有机物) \longrightarrow 0.5N_2\uparrow + H_2O + 2OH^- \tag{3-59}$$

从上面式子可以看出，反硝化过程中硝态氮还原为氮气的过程中生产碱度，生成的碱度可以补充硝化过程消耗的碱度。

3.14.3　实验设备及药品

（1）搅拌器；

（2）离心机；

（3）8L 塑料容器；

（4）1000mL 烧杯、1000mL 量筒、5mL 离心管多个；

（5）1mL、2mL、5mL、10mL 移液管各 1 支；

（6）分光光度计；

（7）亚硝酸钠；

（8）乙酸钠；

（9）亚氮显色剂（参照水和废水监测分析方法（第四版），按照 N-（1-萘基）-乙二胺光度法测量亚硝酸盐氮的要求配置试剂）。

3.14.4　实验步骤

（1）活性污泥的准备（同前一个硝化实验）：

1）用自来水清洗取自城市污水处理厂的活性污泥 3 遍；

2）取一定体积已清洗完的污泥放置于塑料容器，并将其定容到 6L；

3）将定容完毕的活性污泥混合液混合均匀后，用量筒取 100mL 混合液，并测量其污泥浓度（MLSS）。

（2）药剂准备。

1）按照拟定的亚硝酸盐氮浓度要求，称取亚硝酸钠。假设拟定配置混合液体积为 6L，NO_2^--N 浓度 50mg/L，亚硝酸钠（分子量为 69.00）称量质量计算公式为：69×（50mg/L×6L）/（14×1000mg/g）= 1.479g 亚硝酸钠。

2）按照拟定的碳源要求，称取乙酸钠。假设拟定配置混合液体积为 6L，NO_2^--N 浓度 50mg/L，C/N 比为 4，那么所需的 COD 为 50mg/L×4 = 200mg/L，乙酸钠称量质量计算公式为：200mgCOD/L×6L×1gCOD/ 1000mgCOD/（0.58gCOD/g 乙酸钠）= 2.07g 乙酸钠。

（3）反硝化过程。应注意的是，下述实验，每一组需做两个实验，实验（1）必做，其余实验任选其一。做完实验（1）后，污泥需用自来水清洗三遍后再开始下一个实验。

1）基准实验。按照分组顺序，每一个班第一组设定亚硝酸盐氮浓度为 30mg/L，之后每一组递加 10mg/L。碳氮比值（COD：NO_2^--N）为 4：1。

实验过程为：

①将称量好的亚硝酸钠和乙酸钠，加入到 6L 完成清洗的活性污泥混合液；

②调整搅拌器转速，以泥水充分混合为要求；

③通过调整搅拌器转速实现泥水混合后，用 2 个 5mL 离心管采集第 1 次水样各 5mL 并开始计时，之后每间隔 10min 用 2 个 5mL 离心管采集一次水样，直到计时满 40min，共采集 10 个水样；

④计时满 40min 后，停止搅拌并移开搅拌器，待污泥沉淀后，撇除上清液。再用自来水清洗污泥三次，以满足开展下一批次实验的要求。

2）亚氮浓度调整实验。将亚氮浓度调整为基准实验时亚氮浓度的 50%，并按相应的 4：1 比例调整乙酸钠投量。其余步骤参照基准实验进行。搅拌器转速、取样时间等条件均不变。

3）搅拌强度调整实验。在基准实验的基础上，调整搅拌器转速（增大、减小均可）。亚氮浓度、乙酸钠投量、取样时间等条件均不变。

4）碳氮比调整实验。在基准实验的基础上，调整 COD 与亚氮的比值（COD：NO_2^--N）为 2：1。亚氮浓度、搅拌速度、取样时间等条件均不变。

（4）亚氮浓度的测定。

1）水样处理。将实验过程中每次采集的水样立即放置于离心机，在 4000r/min 条件下，离心 5min。离心完成后，移取上清液 0.2mL 于 50mL 比色管。

2）指标测定。将放置了水样的比色管用蒸馏水定容到 50mL 标线，然后分别加入配置好的 1mL 亚氮显色剂，震荡混匀（另取一根未加水样的比色管，加注 50mL 蒸馏水，并同步加入亚氮显色剂，作为空白水样，用于吸光度测定时调零）。每个比色管加注药剂后，均需振荡混匀。最后静置显色，显色时间为20min。

显色完成后，2h以内，在波长540nm处，用光程为10mm比色皿，以空白水样为参比调零，测量各水样吸光度 A。

3）指标计算。亚氮浓度计算公式为：

$$[NO_2^--N] = A \times 15/3 \ (mg/L)$$

比反硝化速率计算公式为：

$$r = d[NO_2^--N]/(dt \times MLSS) \ (kg\text{-}N/kg\text{-}MLSS \cdot d)$$

表 3-32　反硝化实验记录表

工作时间	备注	0min	10min	20min	30min	40min	50min
基准实验							
亚氮浓度调整							
搅拌强度调整							
碳氮比调整实验							

思考题

（1）反硝化过程具有哪些影响因素？依据实验结果确定其影响程度。

（2）绘制亚氮降解曲线并计算亚氮比反硝化速率。

3.15　好氧吸磷-厌氧释磷

3.15.1　实验目的

（1）加深对活性污泥法除磷原理的理解；

（2）掌握活性污泥活性好氧吸磷的过程管理。

3.15.2　实验原理

所谓生物除磷就是利用聚磷菌一类的微生物，能够在数量上超过其生理需要的、从外部环境摄取磷并以聚合的形态储藏在体内，形成高磷污泥并排出系统，从而达到从废水中除磷的效果。

生物除磷可以分为两步来完成，具体如下：

第一步是在厌氧条件下，因废水中没有溶解氧和化合态氧，一般无聚磷能力的好氧菌及脱氮菌不能产生三磷酸腺苷（ATP），而聚磷菌却能分解胞内聚磷酸盐和糖原产生ATP，将废水中挥发性脂肪酸（Volatile Fatty Acids，VFA）等有机物摄入细胞，并以聚-β-羟基烷酸（PHA，主要包括聚-β-羟基丁酸，简称PHB和聚-β-羟基戊酸，简称PHV）等有机颗粒的形式储存于细胞内。聚磷的分解将引起细胞内磷酸盐的积累，由于过多磷酸盐不能全部用于生物体合成作用，所以部分磷酸盐被相应的载体蛋白通过主动扩散方式排到胞外，使主体溶液中磷酸盐浓度升高。

第二步是在好氧条件下，聚磷菌利用溶解氧作为电子受体，以厌氧条件下储存的 PHA 作为电子供体，通过氧化分解作用为积累聚磷、生长繁殖和合成糖原提供能量和碳源。此过程可以观察到细胞内 PHA 迅速减少，而聚磷颗粒迅速增加，即磷酸盐由废水向聚磷菌体内转移。一般来说，在细菌增殖过程中，好氧环境下摄取的磷比厌氧环境中所释放的磷要多，废水生物除磷正是利用微生物这一过程达到除磷的目的。

3.15.3 实验设备及药品

（1）曝气泵；

（2）离心机；

（3）8L 塑料容器；

（4）1mL、2mL、5mL、10mL 移液管各 1 支，1000mL 烧杯、1000mL 量筒、5mL 离心管多个；

（5）气体流量计；

（6）分光光度计；

（7）磷酸二氢钾；

（8）抗坏血酸和钼酸盐溶液（配制参照水和废水监测分析方法（第四版））。

3.15.4 实验步骤

（1）活性污泥的准备：

1）用自来水清洗取自城市污水处理厂的活性污泥 3 遍（清洗过程：将部分沉淀污泥置于塑料容器，补充自来水到塑料容器有效容积内，待污泥沉淀后，撇除上清液，此过程计算为 1 次清洗）。

2）取一定体积已清洗完的污泥放置于塑料容器，并将其定容到 4L；

3）将定容完毕的活性污泥混合液混合均匀后，用量筒取 100mL 混合液，并测量其污泥浓度（MLSS）。

（2）药剂准备。按照拟定的磷酸盐浓度要求，称取磷酸二氢钾。假如拟定配置混合液体积为 4L，PO_4^{3+}-P 浓度 20mg/L，磷酸二氢钾（分子量为 136.09）称量质量计算公式为：$136.09 \times (20mg/L \times 4L)/(31 \times 1000mg/g) = 0.363g$ 磷酸二氢钾。

（3）吸磷过程。按照分组顺序，每一个班第一组设定 PO_4^{3+}—P 浓度为 15mg/L，之后每一组递加 5mg/L。实验过程为：

1）将称量好的 PO_4^{3+}—P 浓度，将其加入到 4L 完成清洗的活性污泥混合液；

2）调整曝气量，以泥水充分混合为要求；

3）通过调整曝气量实现泥水混合后，用 1 个 5mL 离心管采集第 1 次水样各 5mL 并开始计时，之后每间隔 10min 用 1 个 5mL 离心管采集一次水样，直到计时满 40min，共采集 5 个水样；

4）计时满 60min 后，停止曝气并取出曝气头，完成吸磷后的污泥自来水清洗三遍后用于后续的厌氧释磷实验。

（4）药剂准备。按照拟定的碳源要求，称取乙酸钠。假设拟定配置混合液体积为 4L，

吸磷时的 PO_4^{3+}—P 浓度为 20mg/L，C/P 比为 20，那么所需的 COD 为 20mg/L×20＝400mg/L，乙酸钠称量质量计算公式为：

400mgCOD/L×6L×1gCOD/ 1000mgCOD/（0.58gCOD/g 乙酸钠）＝4.14g 乙酸钠

（5）释磷过程

实验过程为：

1）将称量好的乙酸钠，将其加入到 4L 完成吸磷的活性污泥混合液；

2）调整搅拌强度，以泥水充分混合为要求（尽量降低搅拌强度，以避免溶解氧对释磷的限制）；

3）通过调整搅拌强度实现泥水混合后，用 1 个 5mL 离心管采集第 1 次水样各 5mL 并开始计时，之后每间隔 10min 用 1 个 5mL 离心管采集一次水样，直到计时满 40min，共采集 5 个水样；

4）计时满 60min 后停止搅拌，待污泥沉淀后，撇除上清液。

（6）PO_4^{3+}—P 浓度的测定。

1）水样处理。每次采集的水样立即放置于离心机，在 4000r/min 条件下，离心 5min。离心完成后，移取上清液 3mL 于 50mL 比色管。

2）指标测定。将放置了水样的比色管用蒸馏水定容到 50mL 标线，然后分别加入配置好的 1mL 的 10%抗坏血酸溶液，混匀。30s 后再加入 2.0mL 钼酸盐溶液，混匀（另取一根未加水样的比色管，加注 50mL 蒸馏水，并同步加入抗坏血酸和钼酸盐溶液，作为空白水样，用于吸光度测定时调零）。每个比色管加注药剂后，均需振荡混匀。最后静置显色，显色时间为 15min。

显色完成后，在波长 700nm 处，用光程为 10mm 比色皿，以空白水样为参比调零，测量各水样吸光度 A。

测量各水样吸光度 A，并记录于表 3-33 中。

3）指标计算：PO_4^{3+}-P 浓度计算公式为：$[PO_4^{3+}-P] = A×100/3(mg/L)$

比硝化速率计算公式为：$r = d[PO_4^{3+} - P]/(dt × MLSS)(kg\text{-}P/ kg\text{-}MLSS · d)$

表 3-33　吸磷释磷实验记录表

工作时间	备注	0min	10min	20min	30min	40min	50min
吸磷实验							
释磷实验							

思考题

（1）吸磷过程、释磷过程具有哪些影响因素？

（2）绘制磷释放和吸收曲线，并计算比吸磷速率。

4 综合应用性实验

4.1 自来水深度处理

4.1.1 实验目的

（1）掌握自来水深度处理工艺的原理和方法；

（2）加深对砂滤、活性炭过滤、离子交换、精滤和臭氧消毒原理的了解；

（3）掌握 pH 值、电导率和细菌等饮用水水质指标的测定方法。

4.1.2 实验原理

（1）机械过滤器是利用一种或几种过滤介质，在一定的压力下，使原液通过该介质，去除杂质，从而达到过滤的目的。其内装的填料一般为：石英砂、无烟煤、颗粒多孔陶瓷、锰砂等，用户可根据实际情况选择使用。

机械过滤器主要是利用填料来降低水中浊度，截留除去水中悬浮物、有机物、胶质颗粒、微生物、氯嗅味及部分重金属离子，是给水得到净化的水处理传统方法之一。

工作原理：机械过滤器（又名多介质过滤器、石英砂滤器）是一种压力式过滤器，利用过滤器内所填充的精制石英砂滤料，当进水自上而下流经滤层时，水中的悬浮物及黏胶质颗粒被去除，从而使水的浊度降低。性能：主要用于水处理除浊、软化水、电渗析、反渗透的前级预处理，也可用于地表水、地下水等方面。可有效地去除水中的悬浮物、有机物、胶体、泥沙等。

（2）活性炭过滤器主要用于去除水中有机物、胶体硅、微生物、余氯、臭味及部分重金属离子，其滤料为活性炭颗粒。其中吸附水中游离氯（吸附力达99%），对有机物和色度也有较高的去除率，是软化、除盐系统制纯水工艺的预处理设备。设备主要材质为碳钢防腐、玻璃钢和不锈钢等。且具有反冲洗功能，泥垢等污染物很快被冲走，耗水量少。

（3）离子交换系统是通过阴、阳离子交换树脂，对水中的各种阴、阳离子进行置换的一种传统水处理工艺，阴、阳离子交换树脂单独或按不同比例进行搭配可组成离子交换阳床系统，离子交换阴床系统及离子交换混床系统，而混床系统又通常是用在反渗透等水处理工艺之后用来制取超纯水，高纯水的终端工艺，它是用来制备超纯水、高纯水不可替代的手段之一。

工作原理：采用离子交换方法，可以把水中呈离子态的阳离子、阴离子去除，以氯化钠（NaCl）代表水中无机盐类，水质除盐的基本反应可以用下列方程式表达：

阳离子交换树脂：$R-H + Na^+ \Longrightarrow R-Na + H^+$

阴离子交换树脂：$R-OH + Cl^- \Longrightarrow R-Cl + OH^-$

阳、阴离子交换树脂总的反应式即可写成：

$$RH+ROH+NaCl \Longrightarrow RNa+RCl+H_2O$$

由此可看出，水中的 NaCl 已分别被树脂上的 H^+ 和 OH^- 所取代，而反应生成物只有 H_2O，故达到了去除水中盐的作用。

（4）精密过滤器（又称作保安过滤器），筒体外壳一般采用不锈钢材质制造，内部采用 PP 熔喷、线烧、折叠、钛滤芯、活性炭滤芯等管状滤芯作为过滤元件。根据不同的过滤介质及设计工艺选择不同的过滤元件。以达到出水水质的要求。主要用于去除水中微细粒径的悬浮颗粒，其过滤精度为 $0.1\mu m$、$0.22\mu m$、$1\mu m$、$3\mu m$、$5\mu m$、$10\mu m$ 等，根据实际需要选用。

（5）反渗透装置应用膜分离技术，能有效地去除水中的带电离子、无机物、胶体微粒、细菌及有机物质等。是高纯水制备、苦咸水脱盐和废水处理工艺中的最佳设备。反渗透装置是用足够的压力使溶液中的溶剂（一般是水），通过反渗透膜（或称半透膜）而分离出来，因为这个过程和自然渗透的方向相反，因此称为反渗透。反渗透法能适应各类含盐量的原水，尤其是在高含盐量的水处理工程中，能获得很好的技术经济效益。反渗透法的脱盐率高，回收率高，运行稳定，占地面积小，操作简便，反渗透装置在除盐的同时，也将大部分细菌、胶体及大分子量的有机物去除。反渗透膜的主要分离对象是溶液中的离子范围，无须化学品即可有效脱除水中盐分，系统除盐率一般为 98% 以上。所以反渗透是最先进的也是最节能、环保的一种脱盐方式，也已成为主流的预脱盐工艺。

（6）臭氧具有极强的氧化能力，因此具有极强的杀菌作用、脱色、脱臭、脱味作用及分解作用。水气混合器主要作用是利用臭氧消毒杀菌能力强，杀菌速度快的特点。纯净水在主压作用下经喷嘴喷出在型腔中形成负压，臭氧在负压下带入混合管，经收缩、扩张，使臭氧与纯净水均匀混合达到杀菌的目的。

4.1.3 实验设备和材料

（1）自来水深度处理设备 1 套，如图 4-1 所示。

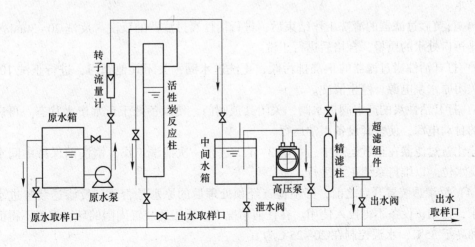

图 4-1　自来水深度处理实验装置

（2）浊度仪，紫外线分光光度计，990 型酸度计，显微镜；

（3）COD 测定仪及水质测定装置和相关药剂。

4.1.4　实验步骤

实验工艺流程如下：

原水（自来水）→原水泵→多介质过滤器（石英砂）→活性炭过滤器→阳离子过滤器→中间水箱→低压泵→精密过滤器→国产高压泵→反渗透装置（反渗透膜表面带正电荷）→储水箱→纯水泵→水气混合器→用水点

　　　　　　　　└── 臭氧发生器←氧气

学生可根据总工艺流程，设计一到数个环节对自业来水进行相应的处理，对处理效果进行对比与评价。

（1）检查各管路是否按工艺要求接妥，电器线路是否完整，接线是否可靠。检查高压、低压控制电接点压力表上、下限控制指针的位置；高压泵进口前的低压控制电接点压力表下限指针在 0.1MPa，高压泵出口前的高压控制电接点压力表下限指针在 2.0MPa。

（2）原水箱水位必须保持在 60%～95% 之间，不得缺水。原水箱缺水后会造成系统缺水，自动运行系统混乱，从而导致设备损坏。原水箱每 15 天定期清洗一次。因原水中泥沙及杂质含量较大，在水箱中沉淀。如果不及时清除会堵塞出水管道。

（3）预处理系统的操作：

1）过滤器清洗时，先将设备电源自动关闭，首先对石英砂过滤器进行清洗。打开反洗排污阀、反洗进水阀，将其他阀门关闭，启动设备手动电源，打开原水泵电源，进行反洗 20～30min，观察排污口，排水清澈后进行正洗。

2）打开正洗排污阀、正洗进水阀，关闭其他阀门进行正洗 10min。在正洗时，同时将活性炭过滤器的反洗排污阀、反洗进水阀打开，关闭其他阀门，预备活性炭过滤器的反洗工作。

3）正洗后，打开石英砂过滤器的产水阀、进水阀，关闭其他阀门，进行石英砂过滤器的产水。

4）石英砂过滤器的清洗工作结束后，进行活性炭过滤器的反洗。反洗 20～30min 后，观察排污口处水的质量，合格后进行正洗。

5）打开活性炭过滤器的正洗排污阀、正洗进水阀，关闭其他阀门，进行正洗 10min后，关闭原水泵电源。停止清洗。

6）打开活性炭的产水阀进水阀，关闭其他阀门，使设备处于正常产水状态。再启动设备的自动电源，使整套设备正常运行。

应注意过滤器在正常运行中，每隔 3～4 天进行一次清洗工作。清洗前保持中间水箱处于高水位。以维持系统正常运行。

（4）反渗透装置开启之前，必须检查经预处理后的原水是否达到反渗透装置进水指标要求，否则该设备不得投入使用。在任何情况下，反渗透装置周围的环境温度不得低于10℃和高于 35℃，水温控制在 20～25℃ 为宜。

（5）打开高压泵进口、出口阀门，浓水排放阀门、回水阀门和纯净水出口阀门，关闭各取样阀门。检查高压泵转运部分是否灵活，如发现异常，就采取必要措施予以处理。

然后再开启反渗透装置的电源开关。

（6）开启高压泵，低压运行（0.3~0.5MPa）3~5min，冲洗膜元件，然后逐渐调节进水阀门和浓水排放阀门，使压力缓慢上升，当压力升至1.35~1.5MPa时，使压力稳定下来，设备正常运转。

（7）本装置停用时，首先要逐渐降低工作压力，注意关机时严禁突然降压，避免反渗透膜元件损坏，每下降0.5MPa保压运行3min，压力下降至0.8MPa时关高压泵，最后关闭所有阀门，以保持反渗透组件内充满水。

（8）关闭本装置电源开关，关闭预处理系统设备。

4.1.5 实验结果整理

（1）实验结果记录在表4-1中。

（2）计算BAC、微滤、超滤处理工艺对COD、氨氮的去除率。

表 4-1 实验数据记录表

项目	原水	石英砂柱出水	BAC出水	阳离子柱后出水	精滤出水	反渗透出水	总出水
浊度/NTU							
色度/(°)							
肉眼可见物							
pH值							
电导率/μS·cm^{-1}							
氨氮/mg·L^{-1}							
COD/mg·L^{-1}							
细菌总数/cfu·mL^{-1}							
游离氯/mg·L^{-1}							

4.1.6 注意事项

（1）开启设备前，应认真仔细阅读仪器使用说明书，严格按照操作步骤进行；

（2）设备开启前，先打开排水龙头2min，以排尽管内积垢和锈垢；

（3）调整好预处理给水流量、压力、反渗透压力；

（4）严禁水倒流至臭氧发生器内，以免损坏机器。

思考题

（1）利用此设备对自来水进行深度处理有何特点？

（2）UI反渗透装置比较，超滤设备在运行上有何特点？

（3）臭氧消毒后管网内有无剩余O_3？会不会出现二次污染？

（4）用氧气瓶中的纯氧和用空气中的氧气作为臭氧发生器的气源，有何不同？

4.2　光催化氧化染料废水实验设计

随着环境水体的污染日益严重，开发经济、有效地印染废水处理技术已经成为当今环保行业关注的热门课题，采用光催化氧化法深度处理印染废水的研究及应用也受到了更多的关注。

4.2.1　实验目的

（1）掌握分光光度计的基本使用方法及测量方法；
（2）掌握标准曲线的绘制；
（3）了解光催化的原理及内容思考与实际运用相结合。

4.2.2　实验原理及内容

（1）印染废水具有浓度高、色度高、pH值高、难降解和多变化等五大特征。国内外对印染废水的处理工艺进行了大量的研究，结果表明：采用单一的处理方法很难使处理后的出水达到规定的排放标准。根据印染废水的水质特点，本实验单独考虑光催化氧化的光照时间对COD去除率和脱色率的影响。

利用金属氧化物二氧化钛、三氧化钨等作为催化剂，在紫外光照下，有色废水溶液中的氧气将有机物氧化、降解成小分子氧化物。这一方法的优点是不投入化学药剂无二次污染，特别是可用于一些难以被生物降解、高毒性有机物的去除。

（2）光催化氧化降解的机理。催化剂催化有机物氧化和降解的机理：在光照的条件下，当催化剂吸收的光能高于其禁带宽度的能量时，就会激发产生自由电子和空穴，空穴与水、电子与溶解氧反应，分别产生HO^-和O_2^-。由于HO^-和O_2^-都具有强氧化性，因而促进了有机物的降解。而染料的存在更有助于催化剂价带中电子的跃迁，因为染料本身就是一种光敏化剂，其发色基团吸收较长的光，自身电子被激发而首先产生跃迁。而跃迁后的具有高能量的激发态电子，又被传递到催化剂的导带上。这样，在染料分子的协助下，催化剂可以被较长波长的光间接激发，极大地扩大了其应用范围。在印染废水处理中的光催化氧化技术，就是利用了染料化合物对光的吸收，并且光辐射有助于对催化剂的激发和加速光催化反应的进程。

4.2.3　实验设备

（1）化学需氧测速仪；
（2）PHS-2C型精密酸度计；
（3）电子分析天平；
（4）高速离心机；
（5）2L高型烧杯；
（6）紫外灯；
（7）小型充气泵（增氧泵）；
（8）分光光度计；

(9) 0~100℃温度计;

(10) 石英玻璃管。

4.2.4 实验试剂

(1) 二氧化钛;

(2) COD 用剂 A 液、B 液;

(3) 商品化直接湖蓝 5B;商品化酸性红 B。

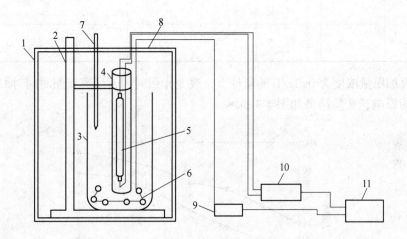

图 4-2 实验装置

1—遮光箱;2—铁架台;3—大烧杯;4—石英管;5—紫外灯管;6—曝气头;

7—温度计;8—取样皿;9—增氧泵;10—变压器;11—电插头

4.2.5 实验操作步骤

(1) TiO_2 投加质量浓度为 0.2g/L;

(2) 在磁力搅拌器上搅拌 5min 后取下;

(3) 在烧杯中放入曝气头,打开充气泵,盖上遮光箱盖。接通紫外灯电源,降解反应开始,记录反应时间;

(4) 当反应时间为 0min、5min、10min、15min、20min、25min、30min、60min 时,用移液管从取样口移取 5~10mL 反应液于离心管中进行离心分离;

(5) 取上清液测定 COD 和色度。COD 用化学需氧仪测量,色度采用稀释倍数法进行测定,数据记录在表4-2中;

(6) 用移液管从取样口移取反应液于 1cm 比色皿中,蒸馏水参比,直接湖蓝 5B 溶液于 600nm 处(酸性红 B 溶液 520nm 处),测定溶液的吸光度 A;

(7) 记录不同反应时间(t)时溶液的吸光度(A)数据记录在表4-3中;

(8) 再以反应时间(t)为横坐标,吸光度(A)为纵坐标作光催化降解图。

4.2.6　实验原始记录及分析（数据、图标、计算、分析等）

表 4-2　色度记录表

稀释倍数						
色度						

表 4-3　吸光度与反应时间的关系

反应时间 t/min						
吸光度 A						

TiO$_2$ 投加质量浓度为 0.2g/L 的条件下，改变光照时间，研究光照时间对 COD 去除率和脱色率的影响，实验结果如图 4-3 所示。

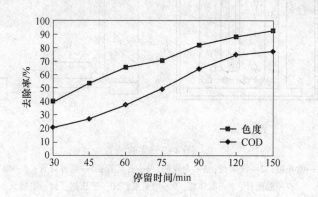

图 4-3　光照时间对 COD 去除率和脱色率的影响

由图 4-3 可知，COD 去除率和脱色率随光催化氧化的光照时间增加而增大。但当光照至一定时间后，COD 及色度的去除率增长趋于缓慢。可以认为，当光照时间足够长时，印染废水中的有机污染物绝大部分被降解为 CO$_2$、H$_2$O 和其他无机小分子物质。

思考题

（1）对实验结果的绘图及分析，并判断光催化对染色废水的氧化性能如何？
（2）光催化反应在工程上有何实际意义？

4.3　臭氧氧化法处理印染废水实验

4.3.1　实验目的

（1）了解臭氧制备的工艺流程及装置；
（2）掌握臭氧发生器的操作方法和臭氧用于水处理的实验方法；
（3）加深对臭氧氧化法处理废水机理的理解。

4.3.2 实验原理

（1）臭氧的特点。臭氧是一种强氧化剂，它的氧化能力在天然元素中仅次于氟。臭氧在污水处理中可用于除臭、脱色、杀菌、消毒、降酚、降解 COD、BOD 等有机物。

臭氧在水溶液中的强烈氧化作用，不是 O_3 本身引起的，而主要是由臭氧在水中分解的中间产物 OH·及 HO_2·引起的。很多有机物都容易与臭氧发生反应。例如，臭氧对水溶性染料、蛋白质、氨基酸、有机胺及不饱和化合物、酚和芳香族衍生物以及杂环化合物、木质素、腐殖质等有机物有强烈的氧化降解作用；还有强烈的杀菌、消毒作用。

臭氧氧化的优点：

1）臭氧能氧化其他化学氧化，生物氧化不易处理的污染物，对除臭、脱色、杀菌、降解有机物和无机物都有显著效果；

2）污水经处理后，污水中剩余的臭氧易分解，不产生二次污染，且能增加水中的溶解氧；

3）制备臭氧利用空气作原料，操作简便。

（2）臭氧处理印染废水的原理。普遍存在于印染废水中的偶氮染料稳定性高、水溶性大，是一种难降解的有机物。传统的化学氧化法和生物法难以取得令人满意的效果。臭氧的氧化性极强，在自然界中其氧化还原电位仅次于氟，常用于工业废水的杀菌消毒、除臭、脱色等。臭氧化技术作为一种高级氧化技术，近年来被用于去除染料和印染废水的色度和难降解有机物。其反应原理主要是通过活泼的自由基（OH·）与污染物反应，使染料的发色基团中的不饱和键断裂，生成分子量小、无色的有机酸、醛等中间产物，这些中间产物难以被臭氧彻底矿化，但能够被微生物进一步降解，所以臭氧化处理可以作为印染废水的预处理阶段，提高废水的可生化性。

臭氧的产生方法有化学法、电解法、紫外线法和电极放电法，应用最多的是电极放电法。本实验所用的就是电极放电法，即在高压下产生的电火花把空气中的氧气转化为臭氧。

4.3.3 实验装置及仪器

（1）实验系统。实验系统包括制氧机、臭氧发生器、臭氧投加气水接触三部分，实验工艺流程如图 4-4 所示。

（2）臭氧氧化实验装置 1 套。

（3）COD 快速测定仪。

（4）紫外-可见分光光度计。

（5）pH 计、电子天平、烧杯、酸式滴定管、移液管等。

4.3.4 实验试剂

（1）KI（分析纯）；

（2）硫酸溶液（0.5mol/L）；

（3）NaOH 溶液（1mol/L）；

（4）$NaS_2O_3 \cdot 5H_2O$（分析纯）；

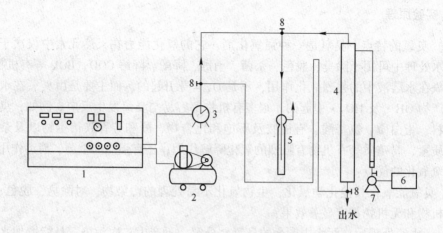

图 4-4　臭氧氧化实验流程图

1—臭氧发生器；2—空气压缩机；3—湿式气体流量计；4—反应柱；
5—KI 吸收瓶；6—废水池；7—塑料离心泵；8—三通阀

（5）染料：酸性红 R（分析纯）。

4.3.5　实验步骤

（1）实验过程：

1）配制 100mg/L 的酸性红 R 溶液，并定容于 1000mL 容量瓶中待用；

2）开启泵，将已知浓度的印染废水打入混合反应器，同时测定原废水的 pH、色度和 COD_{cr} 值；

3）维持恒定的空气流量和电压条件不变，将臭氧通入混合反应器中，调整臭氧发生器的进气流量为 $0.1m^3/h$；

4）经氧化反应 10min、20min、30min、40min、50min 后，分别取一定的水样，并立刻滴入少量的 NaS_2O_3 溶液以终止臭氧的氧化反应，振荡均匀后，分别测定不同氧化时间后出水的 pH、色度和 COD_{cr} 值；

5）实验完成后，关闭电源开关、臭氧发生器及泵，整理实验。

（2）臭氧浓度的测定步骤：

1）用量筒将 20mL 浓度为 20% 的碘化钾溶液加入到气体吸收瓶中，然后加入 250mL 蒸馏水摇匀；

2）打开进气阀门，往瓶内通入臭氧化空气，通气 3min；

3）平行取两个水样，并加入 5mL 的 3mol/L 硫酸溶液，摇匀后静置 5min；

4）用 0.05mol/L 的 $Na_2S_2O_3$ 滴定。待溶液呈淡黄色时，滴入含量为 1% 的淀粉溶液数滴，溶液呈蓝褐色；

5）继续用 0.05mol/L 的 $Na_2S_2O_3$ 滴定至无色，记录其用量。

4.3.6　注意事项

做本实验，首先要注意安全。尤其注意高压电很危险，要防止臭氧污染，而且本实验使用的设备装置很多。因此必须做到：

（1）实验前熟悉讲义内容和实验装置，不清楚时，不许任意动；

（2）通电后，制氧机和臭氧发生器后盖不准打开；

（3）尾气需用 KI（或 $Na_2S_2O_3$）进行吸收。若泄漏的臭氧浓度过高，要停机检查，防止对人体产生危害；

（4）实验过程中各岗位的人不许离开，密切配合，并随时注意各处运行情况。若有某处发生问题，不要慌乱，首先关闭发生器的电源，然后再做其他处理。

4.3.7 实验数据及结果整理

（1）根据实验记录表 4-4，记录实验数据。

表 4-4 臭氧氧化实验数据

水 样	pH 值	吸光度 A	COD /mg·L^{-1}	脱色率 /%	COD 去除率 /%
原水样（0 min）					
10min 水样					
20min 水样					
30min 水样					
40min 水样					
50min 水样					

（2）根据实验数据绘制脱色率或 COD 去除率-停留时间的关系曲线。

思考题

（1）本实验臭氧氧化只作了臭氧脱色和降解 COD 的实验，试分析臭氧在污水处理中主要有哪些方面的应用及其发展前景？

（2）根据实验结果，设计臭氧氧化工艺流程，画出工艺流程图。

4.4 还原法处理酸性含铜废水实验

4.4.1 实验目的与要求

（1）掌握还原法的基本原理与操作工艺；

（2）了解水合肼还原法处理酸性含铜废水的影响因素，并掌握其还原的最佳条件；

（3）掌握排放水含铜量的分析方法。

4.4.2 基本原理

水合肼又称水合联氨，是一种无色透明的液体，呈弱碱性，在酸性溶液中以 $N_2H_3^+$ 形式存在，是强氧化剂，在碱性溶液中是强还原剂。因此，在碱性条件下 N_2H_4 与 $Cu(OH)_2$ 起作用，Cu^{2+} 还原为 Cu^+ 而成土黄色的 Cu_2O 沉淀，其反应如下：

$$CuSO_4 + 2NaOH \Longrightarrow Cu(OH)_2 \downarrow + Na_2SO_4$$
$$Cu(NO_3)_2 + 2NaOH \Longrightarrow Cu(OH)_2 \downarrow + 2NaNO_3$$
$$4Cu(OH)_2 + N_2H_4 \Longrightarrow 2Cu_2O \downarrow + 6H_2O + N_2 \uparrow$$

该还原反应是固-液相反应,从动力学分析可知,强化反应的途径是采取措施消除固膜,加快扩散速度。

从上述反应可知,用水合肼做还原剂的主要优点是不引进其他离子,即便于铜回收利用,又可以使处理后排放水中含铜达到排放标准(含 Cu mg/L),同时水合肼本身也较稳定,不易分解,储存方便。影响水合肼还原的铜的主要原因是,溶液 pH 值、反应时间、水合肼浓度和添加剂、澄清时间及废水中含铜浓度和杂质离子等,必须通过实验掌握其最佳条件。

4.4.3　实验方法

(1)原液与试剂:

1)废水原液为酸性含铜废水,含 200~220mg/L 的 Cu,pH=2~3;

2)2%NaOH 溶液;

3)水合肼浓度:2%$N_2H_4 \cdot H_2O$ 溶液。

(2)设备。采用的设备为磁力搅拌器,溶液 pH 值采用测试纸(pH=1~14 测定)。

(3)操作方法:

1)先量取 200mL 原液废水于 500mL 烧杯中,并放置于磁力搅拌器上;

2)开动搅拌器用适当转速进行搅拌,在搅拌条件下用 2%NaOH 溶液调节到所需反应的 pH 值范围内;

3)然后准确加入 1mL 2%N_2H_4溶液(用 1mL 移液管量取),并记下时间,从此开始继续搅拌 20min,在还原反应过程中,要注意观察溶液中沉淀物颜色的变化和搅拌器运转情况;

4)当反应 20min 之后,关闭搅拌器,取下玻璃烧杯澄清 5min 后过滤,取滤液分析其含铜量;

5)找到最佳 pH,分别加入不同量的 N_2H_4 溶液,找到最佳投加量。记录于表 4-6。

(4)固定条件:每次实验加入 2%N_2H_4溶液 1mL。

反应时间 20min;

澄清时间 5min;

变化条件:改变溶液 pH 值进行实验;

pH 值:6、7、8、9。

4.4.4　实验结果与讨论

(1)实验记录,如表 4-5 所示。

(2)实验结果分析及讨论,如表 4-6 所示。

$$Cu^{2+}(mg/L) = \frac{标准曲线查得的二价铜含量(mg) \times 50}{被测水样(mL) \times 2} \times 1000$$

表 4-5 实验记录

实验号	料液/mL	加入 2%NaOH /mL	加入 2%N_2H_4 /mL	pH	反应时间/min	料液含 Cu /mg·L^{-1}	排放水水质		沉淀的颜色
							pH	Cu /mg·L^{-1}	

表 4-6 实验结果分析

N_2H_4投加量				
料液含 Cu^{2+}				

4.4.5 附：铜的测定——铜试剂比色法

（1）原理。Cu^{2+} 与二乙基二硫氨基甲酸钠在 pH=4~11 条件下，生成黄棕色的胶体络合物，其色稳定 1h。

（2）试剂：

1）二乙基二氨基甲酸钠溶液（铜试剂）：0.1%；

2）硫酸铜标准溶液：称取 0.3920g 分析纯 $CuSO_4·5H_2O$ 溶于蒸馏水中，稀释到 100mL；吸出 10.0mL，用蒸馏水稀释到 1000mL，则此溶液 1.00mL 含 0.010mL 的铜；

3）酒石酸钾钠溶液：50%；

4）氢氧化铵溶液 1：5；

5）淀粉溶液：0.25%（此液应新配制）。

（3）分析步骤

1）吸取排放水样溶液 2mL 置于 50mL 容量瓶中，加水约 20mL，酒石酸钾钠 0.5mL，NH_4OH 溶液 2.5mL，淀粉溶液 0.5mL，边摇边加入铜试剂 2.5mL，用水稀释到刻度，混匀，以试剂空白为参比液，用 2cm 比色皿在 430nm 长下测定其吸光度。

2）标准曲线的绘制：用 50mL 容量瓶 6 只，分别加入 0mL、0.5mL、1.0mL、1.5mL、2.0mL、2.5mL 硫酸铜标准溶液，加水约 20mL，如同上述方法显色，测定吸光度，绘制标准曲线。

3）计算：

$$Cu^{2+}(mg/L) = \frac{标准曲线查得的二价铜含量(mg) \times 50}{被测水样(mL) \times 2} \times 1000$$

注：配制试剂，标准溶液和稀释水皆用玻璃蒸馏器的蒸馏出的蒸馏水，普通蒸馏水大多用铜蒸馏器蒸馏，常含有相当数量的铜。

4.5 电渗析除盐实验

电渗析（简称 ED）是一种利用电能的膜分离技术，是水处理的基础实验之一，被广泛地应用于科研、教学、生产之中，通过实验不仅可以帮助学生了解电渗析器的组装、构造，还可以加强学生对电渗析器工作原理及流程的理解。

4.5.1　实验目的

（1）了解、熟悉电渗析设备的构造、组装及实验方法；

（2）掌握在不同进水浓度或流速下电渗析极限电流密度的测定方法；

（3）求电流效率及除盐率。

4.5.2　实验原理

电渗析膜由高分子合成材料制成，对溶液中的阴、阳离子具有选择过滤性，使溶液中的阴、阳离子在由阴膜及阳膜交错排列的隔室中产生迁移作用，从而使溶质与溶剂分离。电渗析法用于处理含盐量不大的水时，膜的选择透过性较高。一般认为电渗析法适用于含盐量在 5000mg/L 以下的苦咸水淡化。电渗析器运行中，除盐面积上所通过的电流称为电流密度，其单位为 mA/cm^2。若逐渐增大电流密度 i，淡水隔室阳膜表面的离子浓度 $C' \rightarrow 0$，此时的 i 值称为极限电流密度，以 i_{lim} 表示；如果再稍稍提高 i 值，则由于离子来不及扩散，而在膜界面处引起水分子的大量解离，称为 H^+ 和 OH^-。它们分别透过阳膜和阴膜传递电流，导致淡水室中分子的大量解离，这种膜界面现象称为极化现象。

极限电流密度与流速、浓度之间的关系如式（4-1）所示，此式也称为威尔逊公式。

$$i_{lim} = KCv^n \tag{4-1}$$

式中　n——流速系数（$n = 0.8 \sim 1.0$），其值的大小受格网形式的影响；

v——淡水隔板流水道中的水流速度，cm/s；

C——浓水室中水的平均浓度，实际应用中采用对数平均浓度，mg/L；

K——水力特性系数。

极限电流密度及系数 n、K 值的确定，通常采用电压、电流法。该法是在原水水质、设备、流量等条件不变的情况下，给电渗析器加上不同的电压 U，得出相应的电流密度。作图求出这一流量下的极限电流密度，然后改变溶液浓度或流速，在不同的溶液浓度或流速下测定电渗析器的相应极限电流密度。将通过实验所得到的若干组 i_{lim}、C、v 值，代入威尔逊公式中。等号两边同时取对数，解此对数方程就可以得到水力特性系数 K 值及流速系数 n 值；此外，K 值也可通过作图求出。

所谓电渗析器的电流效率，是指实际析出物质的量与应析出物质的量的比值。即单位时间实际脱盐量 $q(C_1 - C_2)/1000$ 与理论脱盐量 I/F 的比值，故电流效率也就是脱盐效率：

$$\eta = \left[q(C_1 - C_2)/(1000I/F) \right] \times 100\% \tag{4-2}$$

式中　q——一个淡水室（相当于一对膜）单位时间的实际脱盐量，L/s；

C_1，C_2——进水、出水含盐量，mg/L；

I——电流强度，A；

F——法拉第常数，$F = 96.5C/(mg/L)$，其中，C 为电量（单位库仑）。

4.5.3　实验仪器及材料

（1）THENDF-1 型电渗析反应实验装置一套，如图 4-5 所示。

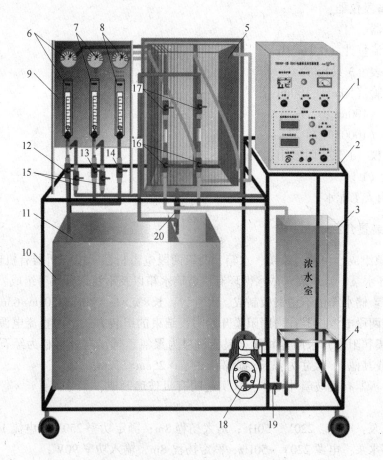

图 4-5　电渗析反应实验装置示意图

1—电源控制箱（包括整流器）；2—不锈钢框架；3—浓水循环水箱；4—浓水循环水箱支架；

5—电渗析器及其有机玻璃外壳水箱；6—浓水压力表及流量计（倒极后为淡水压力表及流量计）；

7—淡水压力表及流量计（倒极后为浓水压力表及流量计）；8—极水压力表及流量计；9—压力表及流量计支架；

10—不锈钢水箱（包括原水箱和出水箱）；11—潜水泵；12—浓水进水阀（倒极后为淡水进水阀）；

13—淡水进水阀（倒极后为浓水进水阀）；14—极水进水阀；15—浓水循环进水阀；16—浓水出水阀；

17—淡水出水阀；18—浓水循环泵；19—浓水循环水箱出水阀；20—电渗析器有机玻璃外壳水箱放水阀

（2）电渗析器。采用阳膜开始阴膜结束的组装方式，用直流电源。离子交换膜（包括阴膜和阳膜）采用异相膜，膜板材料为聚氯乙烯，电极材料为经石蜡浸渍处理过的石墨（或其他）。

（3）进水水质：

1）要求总含氧量与离子组成稳定；

2）浊度 1~3mg/L；

3）活性氯<0.2mg/L；

4）总铁<0.3mg/L；

5）总锰<0.1mg/L；

6）水温 5~40℃，要稳定；

7）水中无气泡。

（4）设备及仪器：

1）整流器一台；

2）转子流量计（0.1m³/h，3只）；

3）水压表（3只）；

4）滴定管（50mL、100mL各1只）；

5）烧杯（100mL，5只）；

6）量筒（1000mL，1只）；

7）电导仪（1只，附万用表）；

8）秒表（1只）。

实验采用人工配水。

4.5.4　实验装置介绍

（1）对象组成。由动力系统、水箱、两级两段电渗析器、电渗析器有机玻璃外箱体、潜水泵、循环水泵、水压表、浓水循环有机玻璃水箱以及不锈钢框架等组成。

1）水箱：储水箱由不锈钢板制成，尺寸为：长×宽×高＝70cm×50cm×65cm；

2）两级两段电渗析器：采用阳膜开始阴膜结束的组装方式，用直流电源。离子交换膜（包括阴膜和阳膜）采用异相膜，膜板材料为聚氯乙烯，电极材料为经石蜡浸渍处理过的石墨（或其他）。尺寸为：长×宽×高＝24cm×25cm×53cm；

3）电渗析器有机玻璃外箱体：采用透明有机玻璃制成，尺寸为：长×宽×高＝40cm×50cm×63cm；

4）潜水泵：电源：220V、50Hz；最大扬程8m；额定功率250W；电流1.5A；

5）循环水泵：电源220V、50Hz，额定扬程8m，输入功率90W；

6）浓水循环有机玻璃水箱：采用透明有机玻璃制成，尺寸为：长×宽×高＝25cm×40cm×45cm；

7）水压表：采用耐震水压表，测量范围：0～0.25MPa。

（2）控制系统。由对象控制箱、整流器、流量计、漏电保护器及旋钮开关等组成。

（3）实验装置特点：

1）框架为不锈钢材质，结构紧凑，外形美观，操作方便；

2）电渗析器外壳采用有机玻璃制作，方便观察；

3）采用一体式设计，紧凑美观，方便搬移；

4）组装方式灵活，电极可以倒换，以消除极化影响，防止结垢；

5）增设有浓水部分循环系统，可提高水的回收率和减少耗电量等。

4.5.5　实验步骤

（1）启动水泵，同时缓慢开启浓水系统和淡水系统的进水阀门，逐渐使其达到最大流量，排除管道和电渗析器中的空气。注意浓水系统和淡水系统的原水进水阀门应同时开、关。

（2）在进水浓度稳定的条件下，调节进水阀门流量，使浓水、淡水流速均保持在50～100mm/s的范围内（一般不应大于100mm/s），并保持淡水进口压力高于浓水进口压力

0.01~0.02MPa 范围内的某一稳定值。稳定 5min 后，记录淡水、浓水、极水的流量。

（3）测定原水的电导率（或称电阻率）、水温、总含盐量，必要时测 pH。

（4）接通电源，调节作用于电渗析膜上的操作电压至一稳定值（例如 0.3V/对）读电流表指示数，然后逐次提高操作电压。

在图 4-6 中，曲线 OAD 段，每次电压以 0.1~0.2V/对的数值递增（依隔板厚薄、流速大小决定，流速小时取低值），每段取 4~6 个点，以便连成曲线；在 DE 段，每次以电压 0.2~0.3V/对的数值逐次递增，同上取 4~6 个点，连成一条直线，整个 OADE 连成一条圆滑曲线。之所以取 DE 电压高于 OAD 段，是因为极化沉淀，使电阻不断增加，电流不断下降，导致测试误差增大之故。

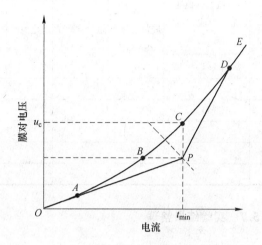

图 4-6　电压-电流曲线

（5）边测试边绘制电压-电流关系图（见图 4-6），以便及时发现问题。改变流量（流速）重复上述实验步骤。

（6）每台装置应测 4~6 个不同流速的数值，以便于求 K 和 n。在进水压力不大于 0.3MPa 的条件下，应包括 20cm/s、11cm/s 及 5cm/s 这几个流速。

（7）测定进水及出水含盐量，其步骤是先用电导仪测定电导率，然后由含盐量-电导率对应关系曲线求出含盐量。按式（4-2）求出脱盐效率。

4.5.6　注意事项

（1）测试前检查电渗析的组成及进水、出水管路，要求组装平整、正确，支撑良好，仪表齐全，并检查整流器、变压器、电路系统、仪表组装是否正确。

（2）注意电渗析器开始运行时要先通水后通电，停止运行时要先断电后断水，并保证膜的湿润。

（3）测定极限电流密度时应注意：

1）直接测定膜对电压，以排除极室对极限电流测定的影响，便于计算膜对电压；

2）以平均"膜对电压"绘制电压-电流（见图 4-6），以便于比较和减小测绘过程中的误差；

3）当存在极化过渡区时，电压-电流曲线由 OA 直线、AD 曲线、DE 直线三部分组成，OA 直线通过坐标原点；

4）作 4~6 个或更多流速的电压-电流曲线。

（4）实验中每次升高电压后的间隔时间，应等于水流在电渗析器内停留时间的 3~5 倍，以利电流及出水水质的稳定。

（5）注意每测定一个流速得到一条曲线后，要倒换电极极性，使电流反向运行，以消除极化影响，反向运行时间为测试时间的 5 倍。测试每个流速后停电断水。

表 4-7 为极限电流测试记录表。

表 4-7　极限电流测试记录

隔板类型　　　　　、编号　　　　　、极段数目　　　　　、日期记录

测定时间	进口流量（流速）/cm·s⁻¹或 L·s⁻¹			淡水室含盐量		电流		电压（U）			pH		水温/℃	备注
				进口电导率/S·m⁻¹	进口含盐量/mg·L⁻¹	电流/A	电流密度/mA·cm⁻²	总	膜对	膜对	淡水	浓水		
	淡	浓	极											

4.5.7　实验结果整理

4.5.7.1　极限电流密度

（1）求电流密度 i。根据测得的电流数值及测量所得的隔板有效面积 s，i 由式（4-3）求解：

$$电流密度　　　　　　　　　i=1000I/s　　　　　　　　　　（4-3）$$

式中　I——电流，A；

　　　s——隔板有限面积，cm²；

　　1000——单位换算系数。

（2）求定极限电流密度 i_{lim}。极限电流密度 i_{lim} 的数值，采用绘制电压-电流曲线方法求出。以测得的膜对电压为纵坐标，相应的电流密度为横坐标，在直线坐标纸上作图。

1）点出膜对电压-电流对应点；

2）通过坐标原点及膜对电压较低的 4~6 个点作直线 OA；

3）通过膜对电压较高的 4~6 个点作直线 DE，延长 DE 与 OA，使二者相交于 P 点，如图 4-6 所示；

4）将 AD 间各点连成平滑曲线，得拐点 A 及 D；

5）过 P 点作水平线与曲线相交于 B 点，过 P 点作垂线与曲线相交得 C 点，C 点即为标准极化点，C 点所对应的电流即为极限电流。

4.5.7.2　求定电流效率及除盐率

（1）电压-电导率曲线。

1）以出口处的淡水电导率为横坐标，膜对电压为纵坐标，在普通坐标纸上作图。

2）描出电压-电导率对应点，并连成平滑曲线，如图 4-7 所示。根据电压-电流曲线上 C 点所对应的膜电压 U_c，在电压-电导率关系曲线上确定 U_c 对应点，由 U_c 作横坐标轴的平行线与曲线相交于 C 点，然后由 C 点作垂线与横坐标交于 r_c 点，该点即为所求得的淡水电导率，并据此查含电导率—含盐量关系曲线，求出 r_c 点对应的出口处淡水含盐量（mg/L）。

（2）求定电流效率及除盐率。

1）电流效率。根据表4-7极限电流测试记录上的有关数据，利用式（4-2）求定电流效率，并以%表示。

上述有关电流效率的计算都是针对一对膜（或一个淡水室）而言，这是因为膜的对数只与电压有关，而与电流无关（即膜对增加而电流保持不变）。

2）除盐率。除盐率是指去除的盐量与进水含盐量之比，即：

$$除盐率 = \frac{C_1 - C_2}{C_1} \times 100\% \qquad (4-4)$$

式中　C_1，C_2——进水、出水含盐量，mg/L，前已求得。

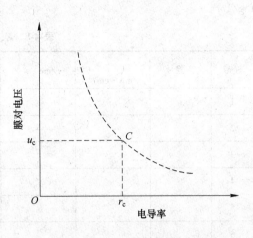

图4-7　电压-电导率关系曲线

4.5.7.3　常数 K 及流速指数 n 的确定

常数、流速指数的确定，一般均采用图解法或解方程法，当要求有较高的精度时，可采用数理统计中的线性回归分析，以确定 K、n 值。

（1）图解法。

1）将实测整理后的数据填入表中，即 K，n 系数计算表4-8中。表中序号应列出4~6次实验数据，实验次数不宜太少。

2）在双对数坐标纸上绘点，以 i_{lim}/C 为纵坐标，以 v 为横坐标；如在普通坐标纸上绘点时，则横坐标为 $\lg v$，纵坐标为 $\lg(i_{lim}/C)$，以各实测数据绘点，可以近似连成直线，如图4-8、图4-9所示。

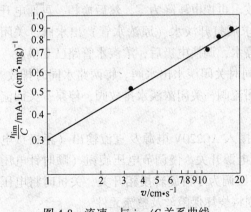

图4-8　流速 v 与 i_{lim}/C 关系曲线
（对数坐标）

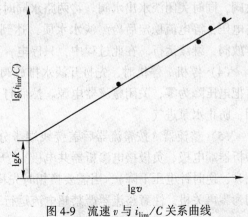

图4-9　流速 v 与 i_{lim}/C 关系曲线
（普通坐标）

K 值可由直线在纵坐标上的截距确定。K 值求出后代入极限电流密度公式，求得 n 值，n 值即为其直线斜率。

（2）解方程法。把已知的 i_{lim}、C、v 分为两组，各求出平均值，分别代入公式 $i_{lim} =$

KCv^n的对数式，解方程组可求得 K 及 n；其中，C 为淡水室中的对数平均含盐量，单位为mg/L。

表4-8　K、n 系数计算表

序号	实验号	i_{lim} /mA·cm^{-2}	v/cm·s^{-1}	C/mg·L^{-1}	i_{lim}/C	lg (i_{lim}/C)	lg$v$
1							
2							
3							
4							
5							
6							

4.5.8　附：电渗析器操作规程

（1）开机通水步骤和注意事项。打开总进水阀和浓水、淡水、极水进水阀，浓水、淡水排放阀，然后启动水泵，调节浓水、淡水、极水进水阀，使浓水、淡水、极水进水压力平衡上升，直至浓水、淡水、极水进水流量达到需要的刻度。在电渗析的运行过程中，应始终保持浓水、淡水、极水进水压力平衡，但极水压力可以略低 0.01~0.02MPa。

（2）通电。电渗析器的各流量、压力达到平衡后方可通电。通电后及时查看各流量有何变化，压力是否平衡，再逐步升高电压至额定工作电压。然后从取样口检测淡水水质，等待水质合格后，先打开淡水出水阀，后关闭淡水排放阀，电渗析器即正常运行。

（3）倒换电极。电渗析器连续工作 2~4h 要倒换电极一次。在倒换时，先打开淡水排放阀，同时关闭淡水出水阀。将两路水同时排放。再把电压降为零，然后换相，再通电升高电压，等电流稳定后检测淡水水质，达到要求后打开淡水（原浓水管）出水阀，关闭排放阀，继续运行。在此过程中，只停电，不停水，调换电极后，浓淡水管路已互换。

（4）停机。停机时，先打开淡水排放阀，同时关闭淡水出水阀。将两路水同时排放。再把电压降为零，关闭整流器电源。然后打开回流阀，关闭浓淡水排放阀，停泵，关回流阀，防止水泵进气。

（5）整流器。按整流器后盖接线端子分别接入 AC220V 电源及直流输出（正极接电渗析器端电极，负极接电渗析器共电极）。开启电源开关，慢调节电压旋钮（顺时针电压上升，逆时针电压下降）。当需要换相时先将电压调为零再旋转换相开关，关机时将电压调为零再关机。注意整流器严禁超电流运行否则将烧坏保险丝及整流元件。

思考题

（1）试对作图法与解方程法所求 K 值进行分析比较。

（2）利用含盐量与水的电导率计算图，以水的电导率换算含盐量，其准确性如何？

（3）电渗析除盐与离子交换法除盐各有何优点？适应性如何？

4.6　光催化还原低浓度含铀废水实验

含铀废水主要来源于铀矿采冶过程中产生的废水，核电站、实验室和工厂含铀废液的正常排放，各种核武器实验、核战争及异常事故等。其中，绝大部分为采冶过程产生的低浓度含铀废水。因此，此次实验主要针对低浓度含铀废水进行光催化的试验研究。

4.6.1　实验目的

（1）熟悉分光光度计的使用方法及测量方法；

（2）掌握标准曲线的绘制；

（3）了解光催化的原理及内容思考与实际运用相结合。

4.6.2　实验原理及内容

半导体光催化剂大多是 n 型半导体材料（当前以 TiO_2 使用最广泛），都具有区别于金属或绝缘物质的特别的能带结构，即在价带和导带之间存在一个禁带。由于半导体的光吸收阈值与带隙具有式 $K=1240/Eg(eV)$ 的关系，因此常用的宽带隙半导体的吸收波长阈值大都在紫外区域。当光子能量高于半导体吸收阈值的光照射半导体时，半导体的价带电子发生带间跃迁，即从价带跃迁到导带，从而产生光生电子（e^-）和空穴（h^+）。此时，吸附在纳米颗粒表面的溶解氧俘获电子形成超氧负离子，而空穴将吸附在催化剂表面的氢氧根离子和水氧化成氢氧自由基。而超氧负离子和氢氧自由基具有很强的氧化性，能将绝大多数的有机物氧化至最终产物 CO_2 和 H_2O，甚至对一些无机物也能彻底分解。

4.6.3　实验设备及仪器

（1）化学需氧测速仪；

（2）pH 计；

（3）电子分析天平；

（4）高速离心机；

（5）2L 高型烧杯；

（6）紫外灯；

（7）小型充气泵(增氧泵)；

（8）分光光度计；

（9）0~100℃温度计。

4.6.4　实验试剂

实验试剂主要有：氧化铟水合物、膨润土、氨水、氢氧化钠溶液、盐酸溶液、2.4-二硝基酚溶液、pH2.5 缓冲溶液、0.05%偶氮胂Ⅲ溶液、铀标准溶液。

4.6.5　实验操作步骤

（1）配制一定浓度的铀标准溶液，取约 150mL 铀溶液；

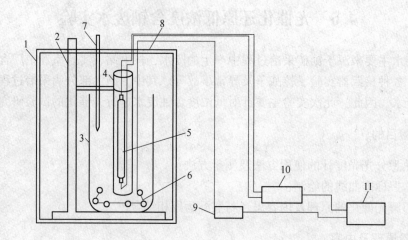

图 4-10　实验装置

1—遮光箱；2—铁架台；3—大烧杯；4—石英管；5—紫外灯管；6—曝气头；
7—温度计；8—取样皿；9—增氧泵；10—变压器；11—电插头

（2）用氨水、盐酸调节溶液 pH；

（3）分别取 100mL 调节过 pH 的溶液至烧杯中，将其编号为 1、2，根据需求在 1、2 号烧杯中加入等量的二氧化钛；

（4）将 1 号烧杯置于光催化反应器中的磁力搅拌器中，调节适宜转速后，使用合适的光源进行光催化反应，反应过程使用氩气保护（氩气操作方法）；

（5）将 2 号烧杯置于普通光照下反应器中的磁力搅拌器中，调节适宜转速后，反应过程使用氩气保护（氩气操作方法）；

（6）根据实验需要，每隔一段时间进行取样；

（7）每次约取 10mL 溶液，置于离心管中，避光放置（需要偶数样品保证离心机平衡），进行两次离心操作（操作小心谨慎，避免使溶液再次浑浊），用移液枪取 1mL 溶液上清液，准备测定；

（8）操作完毕后，测定其吸光度、反应后溶液 pH 等。

测定方法：

1）取 1mL 上清液于 10mL 比色管中，加入少量蒸馏水；

2）滴加两滴 2~4、两滴硝基酚指示剂，摇晃，显淡黄色；

3）加入约 1 滴 1：3 盐酸至溶液无色，继续加 2 滴 1：3 盐酸至过量；

4）分别加入 1mL、pH2.5 缓冲溶液；

5）分别加入 1mL 偶氮胂溶液；

6）加水稀释至 10mL 刻度线，充分摇晃后，静置 5min；

7）在 660nm 下，用分光光度计进行测定吸光度；

8）绘制标准曲线，并计算出溶液中铀的浓度。

4.6.6 实验原始记录及分析

表 4-9 吸光度与反应时间的关系

反应时间 t/min		0	15	30	45	60	65
吸光度 A	紫外光照射						
	普通光照射						

思考题

（1）TiO_2 投加质量浓度相等的条件下，改变光照时间，研究光照时间对铀去除率的影响，分析实验结果。

（2）对实验结果的绘图及分析，并判断光催化低浓度含铀废水的氧化性能如何？

（3）光催化反应在工程上有何实际意义？

附　　录

附录1　氧在蒸馏水中的溶解度（1个大气压时）

附表1

温度 T /℃	C_s /mg·L⁻¹	温度 T /℃	C_s /mg·L⁻¹	温度 T /℃	C_s /mg·L⁻¹	温度 T /℃	C_s /mg·L⁻¹
0	14.62	8	11.87	16	9.95	24	8.53
1	14.23	9	11.59	17	9.74	25	8.38
2	13.84	10	11.33	18	9.54	26	8.22
3	13.48	11	11.08	19	9.35	27	8.07
4	13.13	12	10.83	20	9.17	28	7.92
5	12.80	13	10.60	21	8.99	29	7.77
6	12.48	14	10.37	22	8.83	30	7.63
7	12.17	15	10.15	23	8.63		

注：C_s 是氧在纯水中的溶解度。

附录2　相关系数显著性检验表

附表2

自由度 $f=n-2$	显著性水平 0.05	0.01	自由度 $f=n-2$	显著性水平 0.05	0.01	自由度 $f=n-2$	显著性水平 0.05	0.01
1	0.997	1.000	16	0.468	0.590	35	0.325	0.418
2	0.950	0.990	17	0.456	0.575	40	0.304	0.393
3	0.878	0.959	18	0.444	0.561	45	0.288	0.372
4	0.811	0.917	19	0.433	0.549	50	0.273	0.354
5	0.754	0.874	20	0.423	0.537	60	0.250	0.325
6	0.707	0.834	21	0.413	0.526	70	0.232	0.302
7	0.666	0.798	22	0.404	0.515	80	0.217	0.283
8	0.632	0.765	23	0.396	0.505	90	0.205	0.267
9	0.602	0.735	24	0.388	0.496	100	0.195	0.254
10	0.576	0.708	25	0.381	0.487	125	0.174	0.228
11	0.553	0.684	26	0.374	0.478	150	0.159	0.208
12	0.532	0.661	27	0.367	0.470	200	0.138	0.181
13	0.514	0.641	28	0.361	0.463	300	0.113	0.148
14	0.497	0.623	29	0.355	0.456	400	0.098	0.128
15	0.482	0.606	30	0.349	0.449	1000	0.062	0.081

附录3　水样悬浮固体和浊度的测定

3.1　悬浮物的测定

水中残渣分为总残渣、可滤残渣和不可滤残渣。总残渣是水或污水在一定温度下蒸发，烘干后留在器皿中的物质；可滤残渣指通过滤器的全部残渣，也称为溶解性固体；不可滤残渣即截留在滤器上的全部残渣，也称为悬浮物。

若水体中的悬浮物含量过高，不仅影响景观，还会造成淤积，同时也是水体受到污染的一个标志。

3.1.1　实验目的

掌握水中悬浮固体的测定原理及方法。

3.1.2　实验原理

水质中悬浮物是指水样通过中速定量滤纸（孔径为 $0.45\mu m$ 的滤膜），截留在滤膜上并于 $103\sim105℃$ 烘箱烘干至恒重的固体物质。按质量分析要求，对通过水样前后的滤膜进行称量，计算出一定量水样中颗粒物的质量，从而求出悬浮物的含量。

3.1.3　仪器及材料

（1）烘箱；

（2）分析天平；

（3）干燥器；

（4）孔径 $0.45\mu m$、直径 $45\sim60mm$ 的滤膜及相应的滤器或中速定量滤纸；

（5）玻璃漏斗；

（6）内径为 $30\sim50mm$ 称量瓶；

（7）无齿扁嘴镊子。

3.1.4　操作步骤

（1）采样。在采样点，用即将采集的水样清洗采样器三次。然后采集具有代表性水样 $500\sim1000mL$，盖严瓶塞。

（2）样品储存。采集的水样应尽快分析测定。如需放置，应低温（$0\sim4℃$）保存，但最长不要超过 14 天。

（3）准备滤膜。用无齿扁嘴镊子夹取滤膜放于事先恒重的称量瓶里，移入烘箱中于 $103\sim105℃$ 烘干 $0.5h$，取出置于干燥器内冷却至室温，称其质量。反复烘干、冷却、称量，直至恒重（两次称量相差不超过 $0.0002g$）。将恒重的滤膜放入滤膜过滤器中，以蒸馏水湿润滤膜，并不断吸滤。

（4）去除漂浮物后振荡水样，量取充分混合均匀的水样 $100mL$（使悬浮物大于 $5mg$），使水样全部通过滤膜。再以每次 $10mL$ 蒸馏水洗涤残渣 3 次，继续吸滤以除去痕量水分。如样品中含油脂，用 $10mL$ 石油醚分两次淋洗残渣。

（5）小心取下滤膜，放入原称量瓶内，放入烘箱中于 $103\sim105℃$ 烘干 $1h$ 后移入干燥器内，冷却至室温，称其质量。反复烘干、冷却、称量，直至两次称量的质量差 $\leqslant0.4mg$

为止。

3.1.5　数据处理

悬浮固体含量 $C(mg/L)$ 按下式计算：

$$C(mg/L) = \frac{(A - B) \times 1000 \times 1000}{V}$$

式中　C——水中悬浮固体浓度，mg/L；

A——悬浮固体+滤膜+称量瓶质量，g；

B——滤膜+称量瓶质量，g；

V——试样体积，mL。

3.1.6　注意事项

（1）水样不能加入任何保护剂，以免破坏物质在固、液间的分配平衡；

（2）树叶、棍棒等漂浮的不均匀物质应从水样中除去；

（3）废水黏度高时，可加 2~4 倍蒸馏水稀释，振荡均匀，待沉淀物下降后再过滤。

3.2　浊度的测定

浊度是由于水中含有泥沙、黏土、有机物、无机物、生物、微生物的悬浮体造成的，混浊也是水污染的一个重要指标。

测定水中浊度的方法有分光光度法、目视比浊法或浊度计法。分光光度法适用于饮用水、天然水及高浊度水，最低检测浊度为 3 度；目视比浊法适用于饮用水和水源水等低浊度的水，最低检测浊度为 1 度。

样品采集于具塞玻璃瓶内，应尽快测定。如需保存，可在 4℃冷藏、暗处保存 12h，测试前要激烈振摇水样并恢复到室温。

3.2.1　分光光度法

（1）目的。掌握分光光度法测定水浊度的方法。

（2）方法原理。在适当温度下，硫酸肼与六次甲基四胺聚合，形成白色高分子聚合物。以此作为浊度标准液，在一定条件下与水样浊度相比较。

（3）仪器与试剂。

1）仪器：

①50mL 比色管；

②分光光度计。

2）试剂：

①无浊度水：将蒸馏水通过 0.2μm 滤膜过滤，收集于用滤过水荡洗两次的瓶中；

②浊度储备液；

硫酸肼溶液：称取 1.000g 硫酸肼溶于水中，定容至 100mL。

六次甲基四胺溶液：称取 10.00g 六次甲基四胺溶于水中，定容至 100mL。

③浊度标准溶液：吸取上述两种溶液各 5.00mL 于 100mL 容量瓶中，混匀。于 25℃±3℃下静置反应 24h。冷却后用水稀释至标线，混匀。此溶液浊度为 400 度，可保存一个月。

(4) 测定步骤:

1) 标准曲线的绘制。吸取浊度标准溶液 0mL、0.50mL、1.25mL、2.50mL、5.00mL、10.00mL 和 12.25mL,置于 50mL 比色管中,加无浊度水至标线。摇匀后即得浊度为 0 度、4 度、10 度、20 度、40 度、80 度、100 度的标准系列。于 680nm 波长,用 3cm 比色皿,测定吸光度绘制校准曲线。

2) 水样的测定。吸取 50.0mL 摇匀水样(无气泡,如浊度超过 100 度可酌情少取,用无浊度水稀释至 50.0mL),于 50mL 比色管中,按绘制校准曲线的步骤测定吸光度,由校准曲线上查得水样浊度。

(5) 数据处理:

$$浊度(°) = \frac{A(B + C)}{C}$$

式中 A ——稀释后水样的浊度,(°);

$\quad\quad B$ ——稀释水体积,mL;

$\quad\quad C$ ——原水样体积,mL。

不同浊度范围测试结果的精度要求如下:

浊度范围(°)	精度(度)
1~10	1
10~100	5
100~400	10
400~1000	50
大于 1000	100

3.2.2 目视比浊法

(1) 方法原理。将水样和硅藻土(或白陶土)配制的浊度标准液进行比较。规定相当于 1mg 一定粒度的硅藻土(或白陶土)在 1000mL 水中所产生的浊度为 1 度。

(2) 仪器与试剂

1) 仪器:

①100mL 具塞比色管;

②1L 容量瓶;

③250mL 具塞无色玻璃瓶,玻璃质量和直径均需一致;

④1L 量筒。

2) 试剂(浊度标准液):

①称取 10g 通过 0.1mm 筛孔(150 目)的硅藻土,于研钵中加入少许蒸馏水调成糊状并研细,移至 1000mL 量筒中,加水至刻度。充分搅拌,静置 24h,用虹吸法仔细将上层 800mL 悬浮液移至第二个 1000mL 量筒中。向第二个量筒内加水至 1000mL,充分搅拌后再静置 24h。

虹吸出上层含较细颗粒的 800mL 悬浮液弃去。下部沉积物加水稀释至 1000mL。充分搅拌后贮于具塞玻璃瓶中,作为浑浊度原液。其中含硅藻土颗粒直径大约为 400mm。

取上述悬浊液 50mL 置于已恒重的蒸发皿中，在水浴上蒸干。于 105℃烘箱内烘 2h，置干燥器中冷却 30min，称质量。重复以上操作，即烘 1h、冷却、称质量，直至恒重。求出每毫升悬浊液中含硅藻土的质量（mg）。

②吸取含 250mg 硅藻土的悬浊液，置于 1000mL 容量瓶中，加水至刻度，摇匀。此溶液浊度为 250 度。

③吸取浊度为 250 度的标准液 100mL，置于 250mL 容量瓶中，用水稀释至标线，此溶液浊度为 100 度的标准液。

于上述原液和各标准液中加入 1g 氯化汞，以防菌类生长。

（3）测定步骤

1）浊度低于 10 度的水样：

①吸取浊度为 100 度的标准液 0mL、1.0mL、2.0mL、3.0mL、4.0mL、5.0mL、6.0mL、7.0mL、8.0mL、9.0mL 及 10.0mL 于 100mL 比色管中，加水稀释至标线，混匀。其浊度依次为 0 度、1.0 度、2.0 度、3.0 度、4.0 度、5.0 度、6.0 度、7.0 度、8.0 度、9.0 度、10.0 度的标准液。

②取 100mL 摇匀水样置于 100mL 比色管中，与浊度标准液进行比较。可在黑色底板上，由上往下垂直观察。

2）浊度为 10 度以上的水样：

①吸取浊度为 250 度的标准液 0mL、10mL、20mL、30mL、40mL、50mL、60mL、70mL、80mL、90mL 及 100mL 置于 250mL 的容量瓶中，加水稀释至标线，混匀。即得浊度为 0 度、10 度、20 度、30 度、40 度、50 度、60 度、70 度、80 度、90 度及 100 度的标准液，移入成套的 250mL 具塞玻璃瓶中，密塞保存。

②取 250mL 摇匀水样，置于成套的 250mL 具塞玻璃瓶中，瓶后放一有黑线的白纸作为判别标志，从瓶前向后观察，根据目标清晰程度，选出与水样产生视觉效果相近的标准液，记下其浊度值。

③水样浊度超过 100 度时，用水稀释后测定。

（4）结果的表述。水样的浊度直接以目视确定的浊度报告，用水稀释后测定的则以目视浊度乘以稀释倍数。

（5）注意事项：

1）水样中不得有碎屑及易沉颗粒，取样后尽快测定；

2）实验器皿必须清洁，可用盐酸或表面活性剂清洗。

附录 4　化学需氧量（COD）的测定

化学需氧量（COD）是指在一定条件下，用强氧化剂处理水样时所消耗氧化剂的量。反映了水中受还原性物质污染的程度。水中还原性物质包括有机物、亚硝酸盐、亚铁盐、硫化物等。水被有机物污染是很普遍的，因此化学需氧量也作为有机物相对含量的指标之一，但只反映能被氧化的有机物污染，不能反映多环芳烃、PCB、二噁英类等污染状况。COD_{Cr} 是我国实施排放总量控制的指标之一。

4.1 标准法

4.1.1 实验目的

（1）了解化学需氧量（COD）的含义；

（2）掌握氧化-还原滴定法测定水样中有机物的原理和方法。

4.1.2 方法原理

向水样中准确加入过量的重铬酸钾溶液，在强酸性条件下，加热回流，氧化水中还原性物质（主要是有机物）。然后滴加试亚铁灵指示液，用硫酸亚铁铵标准溶液滴定剩余的重铬酸钾，由消耗的硫酸亚铁铵溶液量计算水样的化学需氧量。反应式如下：

$$2Cr_2O_7^{2-}+16H^++3C \longrightarrow 4Cr^{3+}+8H_2O+3CO_2\uparrow$$

$$Cr_2O_7^{2-}+14H^++6Fe^{2+} \longrightarrow 6Fe^{3+}+2Cr^{3+}+7H_2O$$

4.1.3 仪器和试剂

（1）仪器：

1）回流装置：带有24号标准磨口的250mL锥形瓶的全玻璃回流装置。若取样量在30mL以上，采用500mL锥形瓶的全玻璃回流装置；

2）加热装置；

3）25mL或50mL酸式滴定管、移液管、容量瓶、玻璃珠等。

（2）试剂：

1）重铬酸钾标准溶液（0.2500mol/L）：称取预先在120℃烘干2h的基准或优质纯重铬酸钾12.2580g溶于水中，移入1000mL容量瓶，稀释至标线，摇匀。

2）试亚铁灵指示液：称取1.485g邻菲罗啉（$C_{12}H_8N_2 \cdot H_2O$）、0.695g硫酸亚铁（$FeSO_4 \cdot 7H_2O$）溶于蒸馏水中，稀释至100mL，储于棕色瓶。

3）硫酸亚铁铵标准溶液（0.1mol/L）：称取39.5g硫酸亚铁铵溶于水中，边搅拌边缓慢加入20mL浓硫酸，冷却后移入1000mL容量瓶中，加水稀释至标线，摇匀。临用前用重铬酸钾标准溶液标定。

标定方法：准确吸取10.00mL重铬酸钾标准溶液于250mL锥形瓶中，加蒸馏水稀释至约110mL，缓慢加入30mL浓硫酸，混匀。冷却后，加入3滴试亚铁灵指示液（约0.15mL），用硫酸亚铁铵溶液滴定，溶液的颜色由黄色经蓝绿色至刚出现红褐色即为终点。按下式计算硫酸亚铁铵标准溶液的浓度：

$$c = \frac{0.2500 \times 10.00}{V}$$

式中 c——硫酸亚铁铵标准溶液的浓度，mol/L；

V——硫酸亚铁铵标准溶液的滴定用量，mL。

4）硫酸-硫酸银溶液：于500mL浓硫酸中加入5g硫酸银。放置1~2d，不时摇动使其溶解。

5）硫酸汞：结晶或粉末。

6）邻苯二甲酸氢钾标准溶液（2.0824mmol/L）：称取105℃时干燥2h的邻苯二甲酸氢钾0.4251g溶于水，并稀释至1000mL，混匀。以重铬酸钾为氧化剂，将邻苯二甲酸氢钾完全氧化的 COD 值为 1.176（指 1g 邻苯二甲酸氢钾耗氧 1.176g），故该标准溶液的理论 COD 值为 500mg/L。

4.1.4　测定步骤

测定步骤如下：

（1）采样采取不少于 100mL 具有代表性的水样，应尽快分析，如不能立即分析时，应加入硫酸至 pH<2，置 4℃下保存，但保存时间不多于 5 天。

（2）用移液管取 20.00mL 混合均匀的水样（或适量水样稀释至 20.00mL）置于 250mL 磨口的回流锥形瓶中，准确加入 10.00mL 重铬酸钾标准溶液及数粒小玻璃珠或沸石，连接磨口回流冷凝管，从冷凝管上口慢慢地加入 30m 硫酸-硫酸银溶液，轻轻摇动锥形瓶使溶液混匀，加热回流 2h（自开始沸腾时计时）。

对于化学需氧量高的废水样，可先取上述操作所需体积 1/10 的废水样和试剂于 15mm×150mm 硬质玻璃试管中，摇匀，加热后观察是否成绿色。如溶液显绿色，再适当减少废水取样量，直至溶液不变绿色为止，从而确定废水样分析时应取用的体积。稀释时，所取废水样量不得少于 5mL，如果化学需氧量很高，则废水样应多次稀释。废水中氯离子含量超过 30mg/L 时，应先把 0.4g 硫酸汞加入回流锥形瓶中，再加 20.00mL 废水（或适量废水稀释至 20.00mL），摇匀。

（3）冷却后，用 90mL 水冲洗冷凝管壁，取下锥形瓶。溶液总体积不得少于 140mL，否则因酸度太大，滴定终点不明显。

（4）溶液再度冷却后，加 3 滴试亚铁灵指示液，用硫酸亚铁铵标准溶液滴定，溶液的颜色由黄色经蓝绿色至红褐色即为终点，记录硫酸亚铁铵标准溶液的用量。

（5）测定水样的同时，取 20.00mL 重蒸馏水，按同样操作步骤作空白试验。记录滴定空白时硫酸亚铁铵标准溶液的用量。

（6）进行校核试验：按测定试料水样的测定方法，分析 20.00mL 邻苯二甲酸氢钾标准溶液的 COD 值，用以检验操作技术及试剂纯度。

该溶液的理论 COD 值为 500mg/L，如果校核试验的结果大于该值的 96%，即可认为实验步骤基本上是适宜的，否则，必须寻找失败的原因，重复实验，使之达到要求。

4.1.5　数据处理

$$COD_{Cr}(O_2, mg/L) = \frac{C(V_0 - V_1) \times 8 \times 1000}{V}$$

式中　C——硫酸亚铁铵标准溶液的浓度，mol/L；

　　　V_0——滴定空白试验时硫酸亚铁铵标准溶液的用量，mL；

　　　V_1——滴定水样时硫酸亚铁铵标准溶液的用量，mL；

　　　V——水样的体积，mL；

　　　8——氧（$\frac{1}{2}$O）的摩尔质量，g/mol。

测定结果应保留三位有效数字。

4.1.6　讨论

（1）对于氯化物的干扰，可加入硫酸汞去除，经回流后，氯离子可与硫酸汞结合成可溶性的氯汞配合物。用 0.4g 硫酸汞络合氯离子的最高量可达 40mg。

（2）对于 COD<50mg/L 的水样，应改用 0.0250mol/L 重铬酸钾标准溶液，回滴时用 0.01mol/L 硫酸亚铁铵标准溶液。

（3）硫酸亚铁铵溶液每次使用时，必须标定。

（4）用邻苯二甲酸氢钾标准溶液检查试剂的质量和操作技术时，必须用时新配。

（5）水样取用体积可在 10.00～50.00mL 范围内，但试剂用量及浓度需按附表3进行相应调整。

附表3　水样取用量和试剂用量表

水样体积/mL	0.2500mol/L K$_2$Cr$_2$O$_7$溶液/mL	H$_2$SO$_4$-Ag$_2$SO$_4$ 溶液/mL	HgSO$_4$/g	[(NH$_4$)$_2$Fe(SO$_4$)$_2$] /mol·L^{-1}	滴定前总体积/mL
10.0	5.0	15	0.2	0.050	70
20.0	10.0	30	0.4	0.100	140
30.0	15.0	45	0.6	0.150	210
40.0	20.0	60	0.8	0.200	280
50.0	25.0	75	1.0	0.250	350

4.2　快速法

4.2.1　方法原理

在重铬酸钾-硫酸消解体系中加入助催化剂硫酸铝钾与钼酸铵，进行密闭加热消解，消解后的测定既可以采用滴定法，也可采用光度法。

4.2.2　仪器和试剂

（1）仪器：

1）具密封塞的加热管：50mL；

2）恒温定时加热装置；

3）锥形瓶：150mL；

4）酸式滴定管：25mL（或分光光度计）。

（2）试剂：

1）重铬酸钾标准溶液（0.1000mol/L）：称取预先在 120℃烘干 2h 的基准或优质纯重铬酸钾 4.9030g 溶于水中，移入 1000mL 容量瓶，稀释至标线，摇匀。

2）消解液：称取 19.6g 重铬酸钾，50.0g 硫酸铝钾，10.0g 钼酸铵，溶解于 500mL 水中，加入 200mL 浓硫酸，冷却后，转移至 1000mL 容量瓶中，稀释至标线，摇匀。该溶液重铬酸钾浓度约为 0.4mol/L。

另外，分别称取 9.8g、2.45g 重铬酸钾（硫酸铝钾、钼酸铵称取量同上），按上述方法分别配制重铬酸钾浓度约为 0.2mol/L 和 0.05mol/L 的消解液，用于测定不同 COD 值的水样。

3）硫酸亚铁铵溶液（0.1mol/L）：称取 39.5g 硫酸亚铁铵溶于水中，边搅拌边缓慢加入 20mL 浓硫酸，冷却后移入 1000mL 容量瓶中，加水稀释至标线，摇匀。临用前用 0.1000mol/L 重铬酸钾标准溶液标定。

4）试亚铁灵指示液：称取 1.485g 邻菲罗啉（C$_{12}$H$_8$N$_2$·H$_2$O）、0.695g 硫酸亚铁

（FeSO₄·7H₂O）溶于蒸馏水中，稀释至 100mL，储于棕色瓶。

5）Ag₂SO₄-H₂SO₄催化剂：称取 8.8g 分析纯 Ag₂SO₄，溶解于 1000mL 浓硫酸中。

6）掩蔽剂：称取 10.0g 分析纯 HgSO₄，溶于 100mL10%硫酸中。

4.2.3　实验步骤

准确吸取 3.00mL 水样，置于 50mL 具密封塞的加热管中，加入 1mL 掩蔽剂，混匀。然后加入 3.0mL 消解液和 5mL 催化剂，旋紧密封盖，混匀。然后将加热器接通电源，待温度达到 165℃时，再将加热管放入加热器中，打开计时开关，经 7min，待液体也达到 165℃时，加热器会自动复零计时。加热器工作 15min 之后会自动报时。取出加热管，冷却后加 3 滴试亚铁灵指示液，用硫酸亚铁铵标准溶液滴定，溶液的颜色由黄色经蓝绿色至红褐色即为终点，记录硫酸亚铁铵标准溶液的用量。同时做空白实验。

4.2.4　结果

结果计算同标准法。

4.2.5　讨论

（1）水样因其化学需氧量有高有低，所以在消解时应选择不同浓度的重铬酸钾消解液进行消解见附表 4。

附表 4　消解液浓度表

COD/mg·L⁻¹	<50	50~100	1000~2500
消解液中重铬酸钾浓度/mg·L⁻¹	0.05	0.2	0.4

（2）若经消解后水样为无色，且没有悬浮物时，也可以用比色法进行测定。操作方法如下：

1）校准曲线的绘制。称取 0.8502g 邻苯二甲酸氢钾（基准试剂）用重蒸馏水溶解后，转移至 1000mL 容量瓶中，用重蒸馏水稀释至标线。此储备液 COD 值为 1000mg/L。分别取上述储备液 5mL、10mL、40mL、60mL、80mL 于 100mL 容量瓶中，加水稀释至标线，可得到 COD 值分别为 50mg/L、100mg/L、200mg/L、400mg/L、600mg/L、800mg/L 及原液为 1000mg/L 标准使用液系列。然后按滴定法操作取样并进行消解。消解完毕后，打开加热管的密封盖，用吸管加入 3.0mL 蒸馏水，盖好盖，摇匀冷却后，将溶液倒入 3cm 比色皿中（空白按全过程操作），在 600nm 处以试剂空白为参比，读取吸光度。绘制校准曲线，并求出回归方程。

2）样品测定。准确吸取 3.00mL 水样，置于 50mL 具密封塞的加热管中，加入 1mL 掩蔽剂，混匀。然后加入 3.0mL 消解液和 5mL 催化剂，旋紧密封盖，混匀。然后将加热器接通电源，待温度达到 165℃时，再将加热管放入加热器中，打开计时开关，经 7min，待液体也达到 165℃时，加热器会自动复零计时。加热 15min。消解后的操作与校准曲线绘制相同，进行测量读取吸光度。按下式计算 COD 值。

$$COD_{Cr}(O_2, mg/L) = A \times F \times K$$

式中　A——样品的吸光度；

　　　F——稀释倍数；

　　　K——曲线的斜率，即 $A = 1$ 时的 COD 值。

附录 5　色度的测定

色度的测定主要采取铂钴比色法和稀释倍数法两种。铂钴比色法适用于清洁水、轻度污染并略带黄色调的水，比较清洁的地面水、地下水和饮用水等。稀释倍数法适用于污染较严重的地面水和工业废水。两种方法应独立使用，一般没有可比性。pH 值对颜色有较大影响，在测定颜色时应同时测定 pH 值。

5.1　铂钴比色法

5.1.1　方法原理

用氯铂酸钾和氯化钴配制颜色标准溶液，与被测样品进行目视比较，以测定样品的颜色强度，即色度。

5.1.2　试剂

除另有说明外，测定中仅使用光学纯水（3.2.1）及分析纯试剂。

（1）光学纯水。将 0.2μm 滤膜（细菌学研究中所采用的）在 100mL 蒸馏水或去离子水中浸泡 1h，用它过滤 250mL 蒸馏水或去离子水，弃去最初的 250mL，以后用这种水配制全部标准溶液并作为稀释水。

（2）色度标准储备液，相当于 500 度。将 1.245 ± 0.001g 六氯铂（Ⅳ）酸钾（K_2PtC_{16}）及 1.000±0.001g 六水氯化钴（Ⅳ）（$CoCl_2 \cdot 6H_2O$）溶于约 500mL 水（1）中，加 100±1mL 盐酸（$\rho = 1.18g/mL$）并在 1000mL 的容量瓶内用水稀释下标线。

将溶液放在密封的玻璃瓶中，存放在暗处，温度不能超过 30℃。此溶液至少能稳定 6 个月。

（3）色度标准溶液。在一组 250mL 的容量瓶中，用移液管分别加入 2.50mL、5.00mL、7.50mL、10.00mL、12.50mL、15.00mL、17.50mL、20.00mL、30.00mL 及 35.00mL 储备液（2），并用水（1）稀释至标线。溶液色度分别为：5 度、10 度、15 度、20 度、25 度、30 度、35 度、40 度、50 度、60 度和 70 度。

溶液放在严密盖好的玻璃瓶中，存放于暗处，温度不能超过 30℃。这些溶液至少可稳定 1 个月。

5.1.3　仪器

（1）常用实验室仪器和以下仪器；

（2）具塞比色管，50mL。规格一致，光学透明玻璃底部无阴影；

（3）pH 计，精度±0.1pH 单位；

（4）容量瓶，250mL。

5.1.4　采样和样品

所用与样品接触的玻璃器皿，都要用盐酸或表面活性剂溶液加以清洗，最后用蒸馏水或去离子水洗净、沥干。

将样品采集在容积至少为 1L 的玻璃瓶内，在采样后要尽早进行测定。如果必须储存，则将样品储于暗处。在有些情况下还要避免样品与空气接触。同时要避免温度的变化。

5.1.5 实验步骤

（1）试料。将样品倒入 250mL（或更大）量筒中，静置 15min，倾去上层液体作为试料进行测定。

（2）测定。将一组具塞比色管用色度标准溶液充至标线。将另一组具塞比色管用试料充至标线。

将具塞比色管放在白色表面上，比色管与该表面应呈合适的角度，使光线被反射自具塞比色管底部向上通过液柱。

垂直向下观察液柱，找出与试料色度最接近的标准溶液。

如色度≥70 度，用光学纯水将试料适当稀释后，使色度落入标准溶液范围之中再行测定。

另取试料测定 pH 值。

5.1.6 结果的表示

以色度的国际标注单位（度）报告与试料最接近的标准溶液的值，在 0~40 度（不包括 40 度）的范围内，准确到 5 度。40~70 度范围内，准确到 10 度。

在报告样品色度的同时报告 pH 值。

稀释前的样品色度（A_0），以度计，用下式计算：

$$A_0 = \frac{V_1}{V_0} A_1$$

式中　V_1——样品稀释后的体积，mL；

　　　V_0——样品稀释前的体积，mL；

　　　A_1——稀释样品色度的观察值，度。

5.1.7 注意事项

（1）可以用重铬酸钾代替氯铂酸钾配制标准色列。方法是：称取 0.0437g 重铬酸钾和 1.00g 硫酸钴（$CoSO_4 \cdot 7H_2O$），溶于少量水中，加入 0.50mL 硫酸，用水稀释至 500mL。此时的溶液色度为 500 度，不宜久存。

（2）如果样品中有泥土或其他分散很细的悬浮物，虽经预处理而得不到透明水样时，则以"表观颜色"表述。

5.2　稀释倍数法

5.2.1 方法原理

将样品用光学纯水稀释至用目视比较与光学纯水相比，刚好看不见颜色时的稀释倍数作为表达颜色的强度，单位为倍。

同时用目视观察样品，检验颜色性质：颜色的深浅（无色，浅色或深色），色调（红、橙、黄、绿、蓝和紫等），如果可能包括样品的透明度（透明、混浊或不透明）。用文字予以描述。

结果以稀释倍数值和文字描述相结合表达。

5.2.2 试剂

光学纯水。

5.2.3　仪器

实验室常用仪器及具塞比色管、pH 计。

5.2.4　采样和样品

同铂钴比色法。

5.2.5　实验步骤

（1）试料。同铂钴比色法。

（2）测定。分别取试料和光学纯水于具塞比色管中，充至标线，将具塞比色管放在白色表面上，具塞比色管与该表面应呈合适的角度，使光线被反射自具塞比色管底部向上通过液柱。垂直向下观察液柱，比较样品和光学纯水，描述样品呈现的色度和色调，如果可能包括透明度。

将试料用光学纯水逐级稀释成不同倍数，分别置于具塞比色管并充至标线。将具塞比色管放在白色表面上，用上述相同的方法与光学纯水进行比较。将试料稀释至刚好与光学纯水无法区别为止，记下此时的稀释倍数值。

稀释的方法：试料的色度在 50 倍以上时，用移液管计量吸取试料于容量瓶中，用光学纯水稀至标线，每次取大的稀释比，使稀释后色度在 50 倍之内。

试料的色度在 50 倍以下时，在具塞比色管中取试料 25mL，用光学纯水稀至标线，每次稀释倍数为 2。

试料或试料经稀释至色度很低时，应自具塞比色管倒至量筒适量试料并计量，然后用光学纯水稀至标线，每次稀释倍数小于 2。记下各次稀释倍数值。

另取试料测定 pH 值。

5.2.6　结果的表示

将逐级稀释的各次倍数相乘，所得之积取整数值，以此表达样品的色度。同时用文字描述样品的颜色深浅、色调，如果可能，包括透明度。在报告样品色度的同时，报告 pH 值。

附录 6　水中细菌总数和大肠菌群的检测

6.1　实验目的

（1）了解和学习水中细菌总数和大肠菌群的测定原理和测定意义；

（2）学习和掌握用稀释平板计数法测定水中细菌总数的方法；

（3）学习和掌握水中大肠菌群的检测方法。

6.2　实验原理

水是微生物广泛分布的天然环境。各种天然水中常含有一定数量的微生物。水中微生物的主要来源有：水中的水生性微生物（如光合藻类）、来自土壤径流、降雨的外来菌群和来自下水道的污染物和人畜的排泄物等。水中的病原菌主要来源于人和动物的传染性排泄物。

水的微生物学检验，特别是肠道细菌的检验，在保证饮水安全和控制传染病上有着重要意义，同时也是评价水质状况的重要指标。国家饮用水标准规定，饮用水中大肠菌群数每升中不超过 3 个，细菌总数每毫升不超过 100 个。

所谓细菌总数是指 1mL 或 1g 检样中所含细菌菌落的总数，所用的方法是稀释平板计数法，由于计算的是平板上形成的菌落（Colony-Forming Unit，CFU）数，故其单位应是 CFU/g（mL）。它反映的是检样中活菌的数量。

所谓大肠菌群，是指在 37℃24h 内能发酵乳糖产酸、产气的兼性厌氧的革兰氏阴性无芽胞杆菌的总称，主要由肠杆菌科中四个属内的细菌组成，即埃希氏杆菌属、柠檬酸杆菌属、克雷伯氏菌属和肠杆菌属。

水的大肠菌群数是指 100mL 水检样内含有的大肠菌群实际数值，以大肠菌群最近似数（MPN）表示。在正常情况下，肠道中主要有大肠菌群、粪链球菌和厌氧芽胞杆菌等多种细菌。这些细菌都可随人畜排泄物进入水源，由于大肠菌群在肠道内数量最多，所以，水源中大肠菌群的数量，是直接反映水源被人畜排泄物污染的一项重要指标。目前，国际上已公认大肠菌群的存在是粪便污染的指标。因而对饮用水必须进行大肠菌群的检查。

水中大肠菌群的检验方法，常用多管发酵法和滤膜法。多管发酵法可运用于各种水样的检验，但操作烦琐，需要时间长。滤膜法仅适用于自来水和深井水，操作简单、快速，但不适用于杂质较多、易于阻塞滤孔的水样。

6.3　实验器材

6.3.1　菌落总数的测定

（1）培养基：牛肉膏蛋白胨琼脂培养基、无菌生理盐水；

（2）器材：灭菌三角瓶、灭菌的具塞三角瓶、灭菌平皿、灭菌吸管、灭菌试管等。

6.3.2　大肠菌群的测定

（1）培养基：

1）乳糖胆盐蛋白胨培养基。蛋白胨 20g，猪胆盐（或牛、羊胆盐）5g、乳糖 10g、0.04%溴甲酚紫水溶液 25mL、水 1000mL、pH7.4。

制法：将蛋白胨、胆盐从乳糖溶于水中，校正 pH，加入指示剂，分装，每瓶 50mL 或每管 5mL，并倒置放入一个杜氏小管，115℃灭菌 15min。

双倍或三倍乳糖胆盐蛋白胨培养基：除水以外，其余成分加倍或取三倍用量。

2）伊红美蓝琼脂培养基。蛋白胨 10g，乳糖 10g，K_2HPO_4 2g，2%伊红水溶液 20mL，0.65%美蓝溶液 10mL，琼脂 17g，水 1000mL，pH7.1。

制法：将蛋白胨、磷酸盐和琼脂溶于水中，校正 pH 后分装. 121℃灭菌 15min 备用。临用时加入乳糖并熔化琼脂，冷至 50~55℃，加入伊红和美蓝溶液，摇匀，倾注平板。

3）乳糖发酵管。除不加胆盐外，其余同乳糖胆盐蛋白胨培养基。

（2）器材。灭菌三角瓶、灭菌的具塞三角瓶、灭菌平皿、灭菌吸管、灭菌试管等。

6.4　实验方法

6.4.1　水样的采集

（1）自来水。先将自来水龙头用酒精灯火焰灼烧灭菌，再开放水龙头使水流 5min，以灭菌三角瓶接取水样以备分析。

（2）池水、河水、湖水等地面水源水。在距岸边5m处，取距水面10~15cm的深层水样，先将灭菌的具塞三角瓶，瓶口向下浸入水中，然后翻转过来，拔去玻璃塞，水即流入瓶中，盛满后，将瓶塞盖好，再从水中取出。如果不能在2h内检测的，需放入冰箱中保存。

6.4.2　细菌总数的测定

（1）水样稀释及培养：

1）按无菌操作法，将水样作10倍系列稀释：

2）根据对水样污染情况的估计，选择2~3个适宜稀释度（饮用水如自来水、深井水等，一般选择1：1、1：10两种浓度；水源水如河水等，比较清洁的可选择1：10、1：100、1：1000三种稀释度；污染水—被选择1：100、1：1000、1：10000三种稀释度），吸取1mL稀释液于灭菌平皿内，每个稀释度作3个重复。

3）将熔化后保温45℃的牛肉膏蛋白胨琼脂培养基倒入平皿，每皿约15mL，并趁热转动平皿混合均匀。

4）待琼脂凝固后，将平皿倒置于37℃培养箱内培养24±1h后取出，计算平皿内菌落数目，乘以稀释倍数，即得1mL水样中所含的细菌菌落总数。

（2）计算方法。作平板计数时，可用肉眼观察，必要时用放大镜检查，以防遗漏。在记下各平板的菌落数后，求出同稀释度的各平板平均菌落数。

（3）计数的报告。

1）平板菌落数的选择。选取菌落数在30~300之间的平板作为菌落总数测定标准。一个稀释度使用两个重复时，应选取两个平板的平均数。如果一个平板有较大片状菌落生长时，则不宜采用，而应以无片状菌落生长的平板计数作为该稀释度的菌数。若片状菌落不到平板的一半，而其余一半中菌落分布又很均匀，可计算半个平板后乘2以代表整个平板的菌落数。

2）稀释度的选择：

①应选择平均菌落数在30~300之间的稀释度，乘以该稀释倍数报告之（见附表5例次1）。

②若有两个稀释度，其生长的菌落数均在30~300之间，则视二者之比如何来决定。若其比值小于2，应报告其平均数；若比值大于2，则报告其中较小的数字（见附表5例次2）。

③若所有稀释度的平均菌落均大于300，则应按稀释倍数最低的平均菌落数乘以稀释倍数报告之（见附表5例次3）。

④若所有稀释度的平均菌落数均小于30，则应按稀释倍数最低的平均菌落数乘以稀释倍数报告之（见附表5例次4）。

⑤若所有稀释度均无菌落生长，则以小于1乘以最低稀释倍数报告之（见附表5例次5）。

⑥若所有稀释度的平均菌落数均不在30~300之间，则以最接近30或300的平均菌落数乘以该稀释倍数报告之（见附表5例次6）。

3）细菌总数的报告。细菌的菌落数在100以内时，按其实有数报告；大于100时，用二位有效数字，在二位有效数字后面的数字，以四舍五入方法修约。为了缩短数字后面的 0 的个数，可用 10 的指数来表示，如附表 5 "报告方式" 一栏所示。

附表 5　稀释度的选择及细菌数报告方式

例次	不同稀释度的平均菌落数			两个稀释度菌落数之比	菌落总数/CFU·g⁻¹ 或 CFU·mL⁻¹	报告方式（菌落总数）/CFU·mL⁻¹ 或 CFU·g⁻¹	备注
	10^{-1}	10^{-2}	10^{-3}				
1	1365	164	20	—	16400	16000 或 $1.6×10^4$	两位以后的数字采取四舍五入的方法去掉
2	2760	294	46	1.6	37700	38000 或 $3.8×10^4$	
3	2800	271	60	2.2	27100	27000 或 $2.7×10^4$	
4	无法计数	1650	513	—	513000	510000 或 $5.1×10^5$	
5	27	11	5	—	270	270 或 $2.7×10^2$	
6	无法计数	305	12	—	30500	31000 或 $3.1×10^4$	

6.4.3　大肠菌群的测定（多管发酵法）

6.4.3.1　生活饮用水或食品生产用水的检验

（1）初步发酵试验。在 2 个各装有 50mL 的 3 倍浓缩乳糖胆盐蛋白胨培养液（可称为三倍乳糖胆盐）的三角瓶中（内有倒置杜氏小管），以无菌操作各加水样 100mL。在 10 支装有 5mL 的三倍乳糖胆盐的发酵试管中（内有倒置小管），以无菌操作各加入水样 10mL。如果饮用水的大肠菌群数变异不大，也可以接种 3 份 100mL 水样。摇匀后，37℃培养 24h。

（2）平板分离。经 24h 培养后，将产酸产气及只产酸的发酵管（瓶），分别划线接种于伊红美蓝琼脂平板（EMB 培养基）上，37℃培养 18～24h。大肠菌群在 EMB 平板上，菌落呈紫黑色，具有或略带有或不带有金属光泽，或者呈淡紫红色，仅中心颜色较深；挑取符合上述特征的菌落进行涂片、革兰氏染色、镜检。

（3）复发酵试验。将革兰氏阴性无芽孢杆菌的菌落的剩余部分接于单倍乳糖发酵管中，为防止遗漏，每管可接种来自同一初发酵管的平板上同类型菌落 1～3 个，37℃培养 24h，如果产酸又产气者，即证实有大肠菌群存在。

（4）报告。根据证实有大肠菌群存在的复发酵管的阳性管数，查附表 6（或附表 7），报告每升水样中的大肠菌群数（MPN）。

附表 6　大肠菌群检验表

（接种水样总量 300mL（100mL2 份，10mL10 份））

110mL 水量阳性管数	100mL 水量的阳性管数		
	0	1	2
0	<3	4	11
1	3	8	18
2	7	13	27
3	11	18	38
4	14	24	52
5	18	30	70
6	22	36	92

续附表6

110mL 水量阳性管数	100mL 水量的阳性管数		
	0	1	2
7	27	43	120
8	31	51	161
9	36	60	230
10	40	69	>230

注：表中数值代表每升水样中大肠杆菌。

附表7　大肠杆菌群检验表

（接种水样总量为 111.1mL（100mL、10mL、0.1mL 各一份））

接种水样量/mL				每升水样中大肠菌群数
100	10	1	0.1	
−	−	−	−	<9
−	−	−	+	9
−	−	+	−	9
−	+	−	−	9.5
−	−	+	+	18
−	+	−	+	19
−	+	+	−	22
+	−	−	−	23
−	+	+	+	28
+	−	−	+	92
+	−	+	−	94
+	−	+	+	180
+	+	−	−	230
+	+	−	+	960
+	+	+	−	2380
+	+	+	+	>2380

6.4.3.2　水源水的检验

用于检验的水样量，应根据预计水源水的污染程度选用下列各量：

（1）严重污染水：1mL、0.1mL、0.01mL、0.001mL 各 1 份；

（2）中度污染水：10.1mL、0.1mL、0.01mL 各 1 份；

（3）轻度污染水：100mL、10mL、1mL、0.1mL 各 1 份；

（4）大肠菌群变异不大的水源水：10mL10 份。

操作步骤同生活用水或食品生产用水的检验。同时应注意，接种量 1mL 及 1mL 以内用单倍乳糖胆盐发酵管；接种量在 1mL 以上者，应保证接种后发酵管（瓶）中的总液体量为单倍培养液量。然后根据证实有大肠菌群存在的阳性管（瓶）数，查附表5、附表6、附表7或附表8，报告每升水样中的大肠菌群数（MPN）。

附表 8　大肠杆菌群检验表

（接种水样总量为 11.11mL（10mL、1mL、0.1mL、0.01mL 各一份））

接种水样量/mL				每升水样中
100	1	0.1	0.01	大肠菌群数
−	−	−	−	<90
−	−	−	+	90
−	−	+	−	90
−	+	−	−	95
−	−	+	+	180
−	+	−	+	190
−	+	+	−	220
+	−	−	−	230
−	+	+	+	280
+	−	−	+	920
+	−	+	−	940
+	−	+	+	1800
+	+	−	−	2300
+	+	−	+	9600
+	+	+	−	23800
+	+	+	+	>23800

附表 9　大肠杆菌群检验表

（接种水样总量为 1.111mL（1mL、0.1mL、0.01mL、0.001mL 各一份））

接种水样量/mL				每升水样中
1	0.1	0.01	0.001	大肠菌群数
−	−	−	−	<900
−	−	−	+	900
−	−	+	−	900
−	+	−	−	950
−	−	+	+	1800
−	+	−	+	1900
−	+	+	−	2200
+	−	−	−	2300
−	+	+	+	2800
+	−	−	+	9200
+	−	+	−	9400
+	−	+	+	18000
+	+	−	−	23000
+	+	−	+	96000
+	+	+	−	238000
+	+	+	+	>238000

附表 10　大肠杆菌群检验表

（接种水样总量为 0.1111mL（0.1mL、0.01mL、0.001mL、0.0001mL 各一份））

接种水样量/mL				每升水样中
0.1	0.01	0.001	0.0001	大肠菌群数
–	–	–	–	<9000
–	–	–	+	9000
–	–	+	–	9000
–	+	–	–	9500
–	–	+	+	18000
–	+	–	+	19000
–	+	+	–	22000
+	–	–	–	23000
–	+	+	+	28000
+	–	+	–	92000
+	–	–	+	94000
+	–	+	+	180000
+	+	–	–	230000
+	+	–	+	960000
+	+	+	–	2380000
+	+	+	+	>2380000

附表 11　大肠杆菌群检验表

（接种水样总量为 0.01111mL（0.01mL、0.001mL、0.0001mL、0.00001mL 各一份））

接种水样量/mL				每升水样中
0.01	0.001	0.0001	0.00001	大肠菌群数
–	–	–	–	<90000
–	–	–	+	90000
–	–	+	–	90000
–	+	–	–	95000
–	–	+	+	180000
–	+	–	+	190000
–	+	+	–	220000
+	–	–	–	230000
–	+	+	+	280000
+	–	+	–	920000
+	–	–	+	940000
+	–	+	+	1800000
+	+	–	–	2300000
+	+	–	+	9600000
+	+	+	–	23800000
+	+	+	+	>23800000

6.5　附：滤膜法

滤膜法所使用的滤膜是一种微孔滤膜。将水样注入已灭菌的放有滤膜的滤器中，经过抽滤，细菌即被均匀地截留在膜上，然后将滤膜贴于大肠菌群选择性培养基上进行培养。再鉴定滤膜上生长的大肠菌群的菌落，计算出每升水样中含有的大肠菌群数（MPN）。

6.5.1　准备工作

（1）滤膜灭菌。将 3 号滤膜放入烧杯中，加入蒸馏水，置于沸水浴中蒸煮灭菌 3 次，每次 15min。前两次煮沸后需换无菌水洗涤 2~3 次，以除去残留溶剂。

（2）滤器灭菌。准备容量为 500mL 的滤器，用点燃的酒精棉球火焰灭菌，也可用 121℃ 高压灭菌 20min。

（3）培养箱内预温。将品红亚硫酸钠培养基放入 37℃ 培养箱内预温 30~60min。

6.5.2　过滤水样

（1）用无菌镊子夹取灭菌滤膜边缘部分，将粗糙面向上贴放于已灭菌的滤床上，轻轻地固定好滤器漏斗。水样摇匀后，取 333mL 注入滤器中，加盖，打开滤器阀门，在 −50kPa压力下进行抽滤。

（2）水样滤完后再抽气约 5s，关上滤器阀门，取下滤器，用无菌镊子夹取滤膜边缘部分，移放在品红亚硫酸钠培养基上，滤膜截留细菌面向上与培养基完全紧贴，两者间不得留有间隙或气泡。若有气泡需用镊子轻轻压实，倒放在 37℃ 培养箱内培养 16~18h。

6.5.3　结果判定

（1）挑选符合下列特征的菌落进行革兰氏染色，镜检：

1）紫红色，具有金属光泽的菌落；

2）深红色，不带或略带金属光泽的菌落；

3）淡红色，中心颜色较深的菌落。

（2）凡是革兰氏阴性无芽孢杆菌，需再接种于乳糖蛋白胨半固体培养基，37℃ 培养 6~8h，产气者则判定为大肠菌群阳性。

（3）1L 水样中大肠菌群数等于滤膜法生长的大肠菌群菌落数乘以 3。

附录 7　水中臭氧浓度的测定

7.1　方法原理

水中臭氧浓度的测定一般采用碘量法。臭氧（O_3）是一种强氧化剂，与碘化钾（KI）水溶液反应可游离出碘，在取样结束并对溶液酸化后，用 0.1000mol/L 硫代硫酸钠（$Na_2S_2O_3$）标准溶液并以淀粉溶液为指示剂对游离碘进行滴定，根据硫代硫酸钠标准溶液的消耗量计算出臭氧量。其反应式为：

$$O_3+2KI+H_2O \longrightarrow 2KOH+O_2+I_2$$
$$I_2+2Na_2S_2O_3 \longrightarrow 2NaI+Na_2S_4O_6$$

7.2　试剂

（1）碘化钾（KI）溶液（2%）：溶解 20g 碘化钾（分析纯）于 1000mL 煮沸后冷却的蒸馏水中，用棕色瓶保存于冰箱中，至少储存一天后再用。此溶液 1.00mL 含 0.020g 碘化钾。

（2）（1+5）硫酸（H_2SO_4）溶液：量取浓硫酸（$\rho = 1.84$；分析纯）溶于 5 倍体积的蒸馏水中。

（3）$c_{(Na_2S_2O_3 \cdot 5H_2O)} = 0.1000mol/L$ 硫代硫酸钠标准溶液；使用分析天平准确称取 24.817g 硫代硫酸钠（$Na_2S_2O_3 \cdot 5H_2O$）；分析纯用新煮沸冷却的蒸馏水定溶于 1000mL 的容量瓶中。或称取 25g 硫代硫酸钠（$Na_2S_2O_3 \cdot 5H_2O$）；分析纯溶于 1000mL 新煮沸冷却的蒸馏水中，此溶液硫代硫酸钠浓度约为 0.1mol/L。再加入 0.2g 碳酸钠（Na_2CO_3）或 5mL 三氯甲烷（$CHCl_3$）；标定、调整浓度到 0.1000mol/L，储于棕色瓶中，储存的时间过长时，使用前需要重新标定。

（4）淀粉溶液。称取 1g 可溶性淀粉，用冷水调成悬浮浆，然后加入约 80mL 煮沸水中，边加边搅拌，稀释到 100mL；煮沸几分钟后放置沉淀过夜，取上清液使用，如需较长时间保存可加入 1.25g 水杨酸或 0.4g 氯化锌。

7.3　实验程序及方法

量取 1mL 的碘化钾溶液，倒入 500mL 的吸收瓶中，再加入一定体积的待测液，即加入 1mL（1+5）硫酸溶液（使 pH 值降至 2.0 以下）并摇匀，静置 5min。用 0.1000mol/L 的硫代硫酸钠标准溶液滴定，待溶液呈浅黄色时加入淀粉溶液几滴（约 1mL），继续小心迅速地滴定的颜色消失为止。记录硫代硫酸钠标准溶液用量。

7.4　臭氧浓度的计算

$$c_{O_3} = \frac{V_{Na} \times c_{Na} \times 2400}{V_0}$$

式中　c_{O_3}——臭氧浓度，mg/L；

V_{Na}——硫代硫酸钠标准溶液用量，mL；

c_{Na}——硫代硫酸钠标准溶液浓度，mol/L；

V_0——臭氧水取样体积，mL。

附录 8　水中铀含量测定方法（亚钛还原钒酸铵滴定法）

8.1　测定方法原理

在大于 33%磷酸介质中，用硫酸亚铁铵、三氯化钛还原 U(Ⅵ) 为 U(Ⅳ)，过量的亚铁、亚钛用亚硝酸钠氧化，过量的亚硝酸钠用尿素破坏，以二苯胺磺酸钠为指示剂，用钒酸铵标准溶液滴定至溶液呈微紫红色，在 30s 内不褪色即为终点。

8.2 试剂

（1）磷酸：比重 1.69~1.72g/mL（即原瓶装，开瓶即用）；

（2）三氯化铁溶液：15%~20%（原瓶装，开瓶即用）；

（3）亚硝酸钠溶液：150g/L 水溶液（质量体积比）；

（4）尿素溶液：200g/L 水溶液（质量体积比）；

（5）二苯胺磺酸钠溶液（2g/L）：称取 0.2g 二苯胺磺酸钠溶于 100mL20g/L 硫酸溶液中；

（6）硫酸亚铁铵溶液（300g/L）：称取 30g 硫酸亚铁溶于 100mL20g/L 硫酸溶液中；

（7）钒酸铵标准溶液配制：称取一定量的钒酸铵于 400mL 烧杯中，用少量水调成糊状，加入 250mL（1+1）硫酸搅拌至完全溶解，冷却后转入 1L 容量瓶中，以水定容（附注：0.983 克钒酸铵/L 对铀的滴定度约 1mg/mL）。

标定钒酸铵标准溶液：准确量取一定量的铀标准溶液 3 份（铀浓度低时约取 0.3g），置于 150mL 锥形瓶中，加 12mL 磷酸，加 2 滴硫酸亚铁铵，用水稀释到体积 40mL，在不断摇动下，滴加三氯化铁至溶液出现稳定的紫红色后，再滴两滴。

钒酸铵标准溶液对铀的滴定度计算公式：

$$T(mg/mL) = c\frac{V_1}{V_2 - V_0}$$

式中　T——钒酸铵标准溶液对铀的滴定度，mg/mL；

　　　c——铀标准溶液浓度，mg/mL；

　　　V_1——取铀标准溶液体积，mL；

　　　V_2——滴定铀标准溶液消耗钒酸铵标准溶液的体积，mL；

　　　V_0——滴定试剂空白消耗钒酸铵标准溶液的体积，mL。

8.3 测定步骤

（1）准确吸取 1~5mL 待测溶液于 150mL 锥形瓶中；

（2）加入 5mL 磷酸，在不断摇动下滴加 $TiCl_3$ 在溶液呈稳定的紫红色，并过量 2 滴；

（3）放置 2min，在不断摇动下滴加入亚硝酸钠至棕色消失，立即加入 5mL 尿素溶液，继续摇到大量气泡消失；

（4）放置 5min，加 2~3 滴二苯胺酸钠，用钒酸铵标准溶液滴定至呈浅紫红色，并保持 30min 不消失即为终点，记录消耗钒酸铵的体积。

8.4 数据处理

$$U(g/L) = \frac{V_1 \times T}{V_2}$$

式中　V_1——滴定试剂消耗钒酸铵标准溶液的体积，mL；

　　　T——钒酸铵标准溶液对铀的滴定度，mg/mL；

　　　V_2——试样的取样体积，mL。

附录 9　地表水环境质量标准（据 GB 3838—2002）

附表 12　地表水环境质量标准基本项目标准限值　　　　（mg/L）

序号	分类标准值项目	I 类	II 类	III 类	IV 类	V 类
1	水温/℃	人为造成的环境水温变化应限制在：周平均最大温升≤1　周平均最大温降≤2				
2	pH 值（无量纲）	6~8.5				6~9
3	溶解氧≥	饱和率90%（或 7.5）	6	5	3	2
4	高锰酸盐指数≤	2	4	6	10	15
5	化学需氧量（COD）≤	15	15	20	30	40
6	五日生化需氧量（BOD_5）≤	3	3	4	6	10
7	氨氮（NH_3-N）≤	0.15	0.5	1.0	1.5	2.0
8	总磷（以 P 计）≤	0.02（湖、库 0.01）	0.1（湖、库 0.025）	0.2（湖、库 0.05）	0.3（湖、库 0.1）	0.4（湖、库 0.2）
9	总氮（湖、库，以 N 计）≤	0.2	0.5	1.0	1.5	2.0
10	铜≤	0.01	1.0	1.0	1.0	1.0
11	锌≤	0.05	1.0	1.0	2.0	2.0
12	氟化物（以 F-计）≤	1.0	1.0	1.0	1.5	1.5
13	硒≤	0.01	0.01	0.01	0.02	0.02
14	砷≤	0.05	0.05	0.05	0.1	0.1
15	汞≤	0.00005	0.00005	0.0001	0.001	0.001
16	镉≤	0.001	0.005	0.005	0.005	0.01
17	铬（六价）≤	0.01	0.05	0.05	0.05	0.1
18	铅≤	0.01	0.01	0.05	0.05	0.1
19	氰化物≤	0.005	0.05	0.2	0.2	0.2
20	挥发酚≤	0.002	0.002	0.005	0.01	0.1
21	石油类≤	0.05	0.05	0.05	0.5	1.0
22	阴离子表面活性剂≤	0.2	0.2	0.2	0.3	0.3
23	硫化物≤	0.05	0.1	0.2	0.5	1.0
24	粪大肠菌群（个/L）≤	200	2000	10000	20000	40000

附表 13　集中式生活饮用水地表水源地补充项目标准限值　　　　（mg/L）

序　号	项　目	标准值
1	硫酸盐（以 SO_4^{2-} 计）	250
2	氯化物（以 Cl^- 计）	250
3	硝酸盐（以 N 计）	10
4	铁	0.3
5	锰	0.1

附表 14　集中式生活饮用水地表水源地特定项目标准限值　　（mg/L）

序号	项　目	标准值	序号	项　目	标准值
1	三氯甲烷	0.06	41	丙烯酰胺	0.0005
2	四氯化碳	0.002	42	丙烯腈	0.1
3	三溴甲烷	0.1	43	邻苯二甲酸二丁酯	0.003
4	二氯甲烷	0.02	44	邻苯二甲酸二丁酯（2-乙基己基酯）	0.008
5	1，2-二氯乙烷	0.03	45	水合肼	0.01
6	环氧氯丙烷	0.02	46	四乙基铅	0.0001
7	氯乙烯	0.005	47	吡啶	0.2
8	1，1-二氯乙烯	0.03	48	松节油	0.2
9	1，2-二氯乙烯	0.05	49	苦味酸	0.5
10	三氯乙烯	0.07	50	丁基黄原酸	0.005
11	四氯乙烯	0.04	51	活性氯	0.01
12	氯丁二烯	0.002	52	滴滴涕	0.001
13	六氯丁二烯	0.0006	53	林丹	0.002
14	苯乙烯	0.02	54	环氧七氯	0.0002
15	甲醛	0.9	55	对硫磷	0.003
16	乙醛	0.05	56	甲基对硫磷	0.002
17	丙烯醛	0.1	57	马拉硫磷	0.05
18	三氯乙醛	0.01	58	乐果	0.08
19	苯	0.01	59	敌敌畏	0.05
20	甲苯	0.7	60	敌百虫	0.05
21	乙苯	0.3	61	内吸磷	0.03
22	二甲苯①	0.5	62	百菌清	0.01
23	异丙苯	0.25	63	甲萘威	0.05
24	氯苯	0.3	64	溴氰菊酯	0.02
25	1，2-二氯苯	1.0	65	阿特拉津	0.003
26	1，4-二氯苯	0.3	66	苯并（a）芘	$2.8×10^{-6}$
27	三氯苯②	0.02	67	甲基汞	$1.0×10^{-6}$
28	四氯苯③	0.02	68	多氯联苯⑥	$2.0×10^{-6}$
29	六氯苯	0.05	69	微囊藻毒素-LR	0.001
30	硝基苯	0.017	70	黄磷	0.003
31	二硝基苯④	0.5	71	钼	0.07
32	2，4-二硝基甲苯	0.0003	72	钴	1.0
33	2，4，6-三硝基甲苯	0.5	73	铍	0.002
34	硝基氯苯⑤	0.05	74	硼	0.5
35	2，4-二硝基氯苯	0.5	75	锑	0.005
36	2，4-二氯苯酚	0.093	76	镍	0.02
37	2，4，6-三氯苯酚	0.2	77	钡	0.7
38	五氯酚	0.009	78	钒	0.05
39	苯胺	0.1	79	钛	0.1
40	联苯胺	0.0002	80	铊	0.0001

①二甲苯：指对-二甲苯、间-二甲苯、邻-二甲苯；
②三氯苯：指 1，2，3-三氯苯、1，2，4-三氯苯、1，3，5-三氯苯；
③四氯苯：指 1，2，3，4-四氯苯、1，2，3，5-四氯苯、1，2，4，5-四氯苯；
④二硝基苯：指对-二硝基苯、间-二硝基苯、邻-二硝基苯；
⑤硝基氯苯：指对-硝基氯苯、间-硝基氯苯、邻-硝基氯苯；
⑥氯联苯：指 PCB-1016、PCB-1221、PCB1232、PCB1242、PCB-1248、PCB-1254、PCB-1260。

附录 10 城镇污水处理厂污染物排放标准 (据 GB 18918—2002)

附表 15 基本控制项目最高允许排放浓度 (日均值)　　　(mg/L)

序号	基本控制项目		一级标准		二级标准	三级标准
			A 标准	B 标准		
1	化学需氧量 (COD)		50	60	100	120[①]
2	生化需氧量 (BOD$_5$)		10	20	30	60[①]
3	悬浮物 (SS)		10	20	30	50
4	动植物油		1	3	5	20
5	石油类		1	3	5	15
6	阴离子表面活性剂		0.5	1	2	5
7	总氮 (以 N 计)		15	20	—	—
8	氨氮 (以 N 计)[②]		5 (8)	8 (15)	25 (30)	—
9	总磷 (以 P 计)	2005 年 12 月 31 日前建设	1	1.5	3	5
		2006 年 1 月 1 日起建设	0.5	1	3	5
10	色度 (稀释倍数)		30	30	40	50
11	pH		6~9			
12	粪大肠菌群数 (个/L)		10^3	10^4	10^4	—

①下列情况下按去除率指标执行：当进水 COD 大于 350mg/L 时，去除率应大于 60%；BOD 大于 160mg/L 时，去除率大于 50%；

②括号外数值为水温>120℃ 时的控制指标，括号内数值为水温≤120℃ 时的控制指标。

附表 16 部分一类污染物最高允许排放浓度 (日均值)　　　(mg/L)

序　号	项　目	标　准　值
1	总汞	0.001
2	烷基汞	不得检出
3	总镉	0.01
4	总铬	0.1
5	六价铬	0.05
6	总砷	0.1
7	总铅	0.1

附表 17　选择控制项目最高允许排放浓度（日均值）　　　　　（mg/L）

序号	选择控制项目	标准值	序号	选择控制项目	标准值
1	总镍	0.05	23	三氯乙烯	0.3
2	总铍	0.002	24	四氯乙烯	0.1
3	总银	0.1	25	苯	0.1
4	总铜	0.5	26	甲苯	0.1
5	总锌	1.0	27	邻-二甲苯	0.4
6	总锰	2.0	28	对-二甲苯	0.4
7	总硒	0.1	29	间-二甲苯	0.4
8	苯并（a）芘	0.00003	30	乙苯	0.4
9	挥发酚	0.5	31	氯苯	0.3
10	总氰化物	0.5	32	1，4-二氯苯	0.4
11	硫化物	1.0	33	1，2-二氯苯	1.0
12	甲醛	1.0	34	对硝基氯苯	0.5
13	苯胺类	0.5	35	2，4-二硝基氯苯	0.5
14	总硝基化合物	2.0	36	苯酚	0.3
15	有机磷农药（以 P 计）	0.5	37	间-甲酚	0.1
16	马拉硫磷	1.0	38	2，4-二氯酚	0.6
17	乐果	0.5	39	2，4，6-三氯酚	0.6
18	对硫磷	0.05	40	邻苯二甲酸二丁酯	0.1
19	甲基对硫磷	0.2	41	邻苯二甲酸二辛酯	0.1
20	五氯酚	0.5	42	丙烯腈	2.0
21	三氯甲烷	0.3	43	可吸附有机卤化物（AOX 以 Cl 计）	1.0
22	四氯化碳	0.03			

参 考 文 献

[1] 章非娟，徐竟成．环境工程试验［M］．北京：高等教育出版社，2006.
[2] 陈泽堂．水污染控制工程实验［M］．北京：化学工业出版社，2003.
[3] 孙丽欣．水处理工程应用试验［M］．哈尔滨：哈尔滨工业大学出版社，2002.
[4] 张学洪，张力，梁延鹏．水处理工程实验技术［M］．北京：冶金工业出版社，2008.
[5] 裴元生．水处理工程实验与技术［M］．北京：北京师范大学出版社，2012.
[6] 章北平，陆谢娟，任拥政．水处理综合实验技术［M］．武汉：华中科技大学出版社，2011.
[7] 王云海，杨树成，梁继东，等．水污染控制工程实验［M］．西安：西安交通大学出版社，2013.
[8] 李志西，杜双奎．试验优化设计与统计分析［M］．北京：科学出版社，2012.
[9] 李燕城．水处理实验技术［M］．北京：中国建筑工业出版社，1987.
[10] 高廷耀，顾国维，周琪．水污染控制工程下册（第三版）［M］．北京：高等教育出版社，2007.
[11] 张自杰．排水工程下册（第四版）［M］．北京：中国建筑工业出版社，2008.
[12] 李圭白，等．水质工程学［M］．北京：中国建筑工业出版社，2005.
[13] 张晓健，黄霞．水与废水物化处理的原理与工艺［M］．北京：清华大学出版社，2011.